陕西省主要树木识别手册

SHAANXI SHENG ZHUYAO SHUMU SHIBIE SHOUCE

赵　斐　吉文丽　主编

西北农林科技大学出版社

《陕西省主要树木识别手册》

编委会

序

双木为林，三木为森。树木，特别是乔木是森林的主体，由此形成了各种各样的森林生态系统。我国树种资源十分丰富，约有 8 000种。陕西省位于我国中部，是重要地理过渡带，有丰富多彩的园林景观。气候差异较大，植物资源丰富，仅木本植物就有约 1224 种(包括变种)。如何正确识别千姿百态的树木，里边有不少学问。

赵斐和吉文丽主编的《陕西省主要树木识别手册》，将林业教学、科研及生产实践，特别是野外调查所需要识别树木的知识汇于一册，极大方便了大家查阅。

《陕西省主要树木识别手册》共收录木本植物 312 种（包括变种)，其中乔木 168 种、灌木 106 种 、木质藤本 20 种；常绿树种 65 种(常绿针叶树种 23 种、阔叶常绿树种 42 种)、落叶树种 247 种。这本书最大特点，不仅从文字上介绍了各种树木最典型的识别特征，而且配有包含整株个体、典型识别特征(器官)的高清晰度照片，便于读者快速、直观地识别树种。书中刊载了超过 1000 张照片，大部分是作者多次深入秦巴山区、关山、乔山、黄龙山、子午岭及崂山林区进行野外调查、采集、拍摄的成果。

《陕西省主要树木识别手册》是一部具有科学性、实用性，图文并茂、内容丰富的参考书，可供农林院校师生、林业调查规划人员以及基层林业干部参考使用。基于此，是为序。

2017 年 11 月

前言

森林是地球之肺，是陆地生态系统的主体。森林中有各种乔木、灌木、草本、藤本、附生、寄生植物，以及苔藓、地衣类植物，但乔木是构成森林生态系统的主体。在我国，树种共达 8 000 余种，其中乔木树种 2 000 多种，经济价值高、材质优良的约 1000 多种。珍贵树种如银杏、银杉、水杉、水松、金钱松、福建柏、台湾杉、珙桐等均为中国所特有。经济林树种繁多，核桃、油桐、油茶、漆树、杜仲、板栗等都有很高的经济价值。

据文献记载，陕西省有木本植物有 101 科 321 属 1224 种(包括变种)，由于树木种类多、地域性差异大、生态习性各有不同，导致在识别上存在一定的困难。《陕西省主要树木识别手册》正是应林业教学、科研及生产实践，特别是野外调查的需要而着手编写的。主要对常见树种拍摄了大量照片，包括树木整体、局部的照片，并对其形态特征进行了描述，以便于读者正确识别。

在树种的选取上，侧重于林业生产上的重要树种，以及天然林和人工林的主要树种。全书共收录木本植物 312 种(包括变种)，其中乔木 186 种、灌木 105 种、木质藤本 21 种；常绿树种 65 种(常绿针叶树种 23 种、阔叶常绿树 42 种)、落叶树种 247 种。重点介绍了各树种的识别特征，每个树种拍摄了整株高清晰度图片，并附以图片说明各树种最典型的识别特征。这些照片是作者在多年的科研、教学和生产实践工作的基础上，多次深入秦巴山区、关山、乔山、黄龙山、子午岭及崂山林区进行野外调查、采集了大量的标本、拍摄了大量的照片。本书的排列，裸子植物部分按照国内通用的郑万钧分类系统；被子植物采用恩格勒分类系统，拉丁名以在线中国植物志为准。

《陕西省主要树木识别手册》一书，是在陕西省林科院森林保护研究所组织和策划下完成的，期间得到陕西省林业厅、西北农林科技大学、陕西省森林资源管理局等单位领导和同志们的大力支持和帮助，特别是得到了不少专家、教授的协助和支持。西北农林科技大学杨平厚、张文辉、康永祥教授，佛坪自然保护区党高弟等曾协助鉴定或审查过标本。西北农林科技大学宣传部摄影师张葳、龙草坪林业局局长贺征兵为本书提供了部分高质量照片，杨平厚教授系统地审阅了全书，在此一并表示衷心的感谢！

本手册图文并茂，涵盖了陕西省大部分主要树种，不仅可供在校大中专学生使用，也适合于林业基层干部，特别是林业调查规划设计人员野外调查时使用。

由于编者水平所限，书中错误在所难免，恳请同行专家、学者和读者批评指正。

编　者

2017 年 11 月

目录

1. 银杏科 Ginkgoaceae

001 银杏 *Ginkgo biloba* Linn.

落叶大乔木;叶扇形,螺旋状散生于长枝上或 3~5 枚聚生于短侧枝之顶,二叉状脉序;球花小而不明显,与叶同时开放,生于短侧枝上,单性异株;雄球花呈倒垂的短葇荑花序状,花药成对,生于一短梗上,花粉的雄核产生 2 个螺旋状、能动的大雄精;雌雄花具长梗,梗端常 2 叉(或不分叉,或 3~5 叉),叉顶为珠座(大孢子叶),各具一直立胚珠,但通常仅一颗发育成熟;种子核果状,有肉质外种皮,中种皮骨质,内种皮膜质;子叶 2 枚; 花期 3~4 月;果期 9~10 月。

2. 松科 Pinaceae

002 铁坚油杉 *Keteleeria davidiana*（Bertr.）Beissn.

常绿乔木；树皮粗糙，有不规则的沟纹；冬芽卵形或球形，冬芽鳞常宿存于新枝的基部；叶线形，扁平，革质，因基部扭转而成 2 列，中脉在表面凸起，叶脱落后留有圆形叶痕；球花单性同株；雄球花 4~8 个簇生，雄蕊多数，花药 2 枚；花粉有气囊；雌球花由无数螺旋排列的珠鳞与苞鳞组成，花期苞鳞大，先端 3 裂，珠鳞生于苞鳞之上，二者基部合生，每苞鳞有胚珠 2 枚，花后珠鳞增大成种鳞；球果直立，一年成熟；种鳞木质，宿存；种子有翅；子叶 2~4 枚；花期 4 月；果期 10 月。

003 巴山冷杉 *Abies fargesii* Franch.

常绿乔木，树冠尖塔形；树皮老时常厚而有沟纹；叶线形至线状披针形，全缘，无柄，背有白色气孔带 2 条，叶脱落后留有圆形或近圆形的叶痕；球花腋生，春初开放；雄球花倒垂，基部围以鳞片，雄蕊多数，螺旋状着生，花药 2 枚，黄色或大红色；花粉有气囊；雌球花直立，由多数覆瓦状珠鳞（大孢子叶）与苞鳞组成，苞鳞大于珠鳞，每珠鳞有 2 胚珠，花后珠鳞发育为种鳞；球果直立，成熟时种鳞木质、脱落；种子有翅；子叶（3~）4~8（~12）枚；花期 4~5 月；果期 9~10 月。

004 花旗松 *Pseudotsuga menziesii* (Mirbel) Franco

常绿高大乔木，高达 100 m，胸径达 12 m；幼树树皮平滑，老树树皮厚，深裂成鳞状；1 年生枝淡黄色（干时红褐色），微被毛；叶条形，长

1.5~3 cm，宽 1~2 mm，先端钝或微尖，无凹缺，上面深绿色，下面色较浅，有 2 条灰绿色气孔带；球果椭圆状卵圆形，长约 8 cm，径 3.5~4 cm，褐色，有光泽；种鳞斜方形或近菱形，长宽相等或长大于宽；苞鳞直伸，长于种鳞，显著露出，中裂窄长渐尖，长 6~10 mm，两侧裂片较宽而短，边缘有锯齿。

005 铁杉 *Tsuga chinensis* (Franch.) Prita

常绿乔木，有树脂；树皮淡红色；枝纤弱，平伸或下垂，因有宿存的叶基而粗糙；叶线形，扁平或有角，2 列，背面有气孔线；球花单生；雄球花生于叶腋内，由无数的雄蕊组成，每雄蕊有 2 花药，药隔节状；花粉有气囊或气囊退化；雌球花顶生，直立，珠鳞圆形，覆瓦状，约与苞鳞等长，基部有胚珠 2 颗；球果小，长椭圆状卵形，近无梗，下垂，淡绿色或淡紫色，成熟时胚珠先发育成种鳞——木质、褐色，苞鳞小，不露出，稀较长而露出；种子上面有膜质翅；子叶 3~6 枚；花期 4 月；果期 10 月。

006 云杉 *Picea asperata* Masters

常绿乔木；树皮薄，鳞片状；枝通常轮生；叶线形，螺旋排列，通常四角形，每一面有一气孔线，或有时扁平，仅在上面有白色的气孔线，着生于有角、宿存、木质、柄状凸起的叶枕上；球花顶生或腋生；雄球花黄色或红色，由无数、螺旋排列的雄花组成，花药 2，药隔阔、鳞片状，花粉粒有气囊；雌花绿色或紫色，由无数螺旋排列的珠鳞组成，每一珠鳞下有一小的苞鳞，珠鳞内面基部有胚珠 2 颗；球果下垂，成熟时原珠鳞发育为种鳞，木质、宿存；种子有翅；子叶 4~9(~15)枚；花期 4~5 月；果期 9~10 月。

007 雪松 *Cedrus deodara* (Roxb.) G. Don.

常绿乔木，树冠尖塔形；树皮裂成不规则鳞状块片；枝平展或微斜展或下垂；叶生于幼枝上的单生，互生，生于老枝或短枝上的丛生，针状，常为 8 棱形或 4 棱形；球花单性同株或异株；雄球花直立，圆柱形，长约 5 cm，由多数螺旋状着生的雄蕊组成，每雄蕊有 2 花药，药隔鳞片状，花粉无气囊；雌球花卵圆形，淡紫色，长 1~1.3 cm，由无数珠鳞与苞鳞组成，苞鳞小，二者基部合生，每珠鳞内有 2 胚珠；球果直立，卵圆形至卵状长椭圆形，成熟时珠鳞发育为种鳞，增大、木质，并从中轴脱落；种子有翅；子叶 6~10 枚；花期 10~11 月；果期次年 9~10 月。

008 太白红杉 *Larix chinensis* Beissn.

落叶乔木，高 8~15 m，胸径可达 60 cm；树皮灰色或暗灰褐色，裂成薄片状脱落；小枝两型下垂，当年生长枝淡黄色、淡黄褐色或淡灰黄色，2~3 年生枝灰色或灰褐色，短枝距状，暗灰色，顶端叶枕间密被淡黄色短柔毛；叶在枝上螺旋状散生，在侧枝上呈簇生状，斜展，线形，长 1.5~2（~3）cm，宽约 1 mm，两面中脉凸起，上面的上部有 1~2 条白色气孔带，下面沿中脉两侧各有 2~5 条白色气孔线；雌雄同株，球花单生侧枝顶端；雄球花卵圆形，长约 1 cm，具梗；雌球花淡紫色，苞鳞大而直，每一珠鳞的腹面基部有 2 胚珠；球果当年成熟，直立卵状长圆形，长 2.5~5 cm，直径 1.5~2.8 cm，成熟前淡紫红色，熟时蓝紫色至灰褐色；种鳞较薄，熟后宿存，近水平张开，扁方圆形或近圆形，长约 1 cm，鳞背近中部密被平伏长柔毛；苞鳞较种鳞长，直伸，先端截圆或宽圆，具突起的刺状尖头；种子近三角状卵圆形，长约 3 mm，种翅膜质，长约 8 mm；花期 4~5 月；果期 10 月。

009 华北落叶松 *Larix principis-rupprechtii* Mayr

落叶乔木，有树脂；树皮厚，有沟纹；枝下垂或不，有长枝及短枝2种；叶线形，扁平或四棱形，有气孔线，螺旋排列于主枝上或簇生于距状的短枝上；球花单性同株，单生短枝顶；雄球花黄色，球形或长椭圆形，由无数螺旋排列的雄蕊组成，每雄蕊有2花药，药隔小，鳞片状；花粉无气囊；雌球花长椭圆形，由多数珠鳞组成，每一珠鳞生于一红色、远长于它的苞鳞的腋内，内有2胚珠；球果近球形或卵状长椭圆形，具短梗，成熟时珠鳞发育成种鳞，革质；种子有长翅；子叶6~8枚；花期4~5月；果期10月。

010 马尾松 *Pinus massoniana* Lamb.

常绿乔木，高达 45 m，胸径 1 m；树冠在壮年期呈狭圆锥形，老年期内则开张如伞状；树干较直；树皮深褐色，长纵裂，长片状剥落；1 年生小枝淡黄褐色，轮生；冬芽圆柱形，端褐色叶 2 针 1 束，罕 3 针 1 束，长 12~20 cm，质软，叶缘有细锯齿；树脂脂道 4~8，边生；球果长卵形，长 4~7 cm，径 2.5~4 cm，有短柄，成熟时栗褐色，脱落而不宿存树上；种鳞的鳞背扁平，横背不很显著，鳞脐不突起，无刺；种长 4~5 mm，翅长 1.5 cm；子叶 5~8；花期 4 月；果期次年 10~12 月成熟。

011 黑松 *Pinus thunbergii* Parl.

常绿乔木，高达 30 m，胸径可达 2 m；幼树树皮暗灰色，老则灰黑色，粗厚，裂成块片脱落；枝条开展，树冠宽圆锥状或伞形；1 年生枝淡褐黄色；针叶 2 针 1 束，深绿色，粗硬；雄球花淡红褐色，圆柱形，聚生于新枝下部；雌球花单生或 2~3 个聚生于新枝近顶端，直立；球果成熟前绿色，熟时褐色，圆锥状卵圆形或卵圆形；花期 4~5 月；果期次年 10 月。

012 油松 *Pinus tabulaeformis* Carr.

常绿乔木，高达 25 m，胸径约 1 m；树冠在壮年期呈塔形或广卵形，在老年期呈盘状伞形；树皮灰棕色，呈鳞片状开裂，裂缝红褐色；小枝粗壮，无毛，褐黄色；冬芽圆形，端尖，红棕色，在顶芽旁常轮生有 3~5 个侧芽；叶 2 针 1 束，罕 3 针 1 束，长 10~15 cm；树脂道 5~8 或更多，边生；叶鞘宿存；雄球花橙黄色，雌球花绿紫色；当年小球果的种鳞顶端有刺，球果卵形，长 4~9 cm，无柄或有极短柄，可宿存枝上达数年之久；种鳞的鳞背肥厚，横脊显著，鳞脐有刺；种子卵形，长 6~8 mm，淡褐色有斑纹；翅长约 1 cm，黄白色，有褐色条纹；子叶 8~12 枚；花期 4~5 月；果期次年 10 月

013 白皮松 *Pinus bungeana* Zucc.ex Endl.

常绿针叶乔木，高达 30 m；幼树干皮灰绿色，光滑，大树干皮呈不规则片状脱落，形成白褐相间的斑鳞状，极其美观；冬芽红褐色；小枝灰绿色，无毛；叶 3 针 1 束，叶鞘早落，针叶短而粗硬，长 5~10 cm，针叶横切面呈三角形，叶背有气孔线；雌雄同株异花；球果圆卵形，种鳞边缘肥厚，鳞盾近菱形，横脊显著，鳞脐平，脐上具三角形刺状短尖；种子卵圆形，有膜质短翅；花期 4~5 月；果期次年 10~11 月。

014 华山松 *Pinus armandii* Franch.

常绿乔木,高达 35 m,胸径 1 m;树冠广圆锥形;小枝平滑无毛,冬芽小,圆柱形,栗褐色;幼树树皮灰绿色,老则裂成方形厚块片固着树上;叶 5 针 1 束,长8~15 cm,质柔软,边有细锯齿;树脂道多为 3,中生或背面 2 个边生,腹面 1 个中生;叶鞘早落;球果圆锥状长卵形,长 10~20 cm,柄长 2~5 cm,成熟时种鳞张开,种子脱落;种子无翅或近无翅;花期 4~5 月;果期次年 9~10 月。

015 樟子松 *Pinus sylvestris* var. *mongolica* Litv.

常绿乔木，树高 15~20 m，最高 30 m，最大胸径 1 m 左右；树冠卵形至广卵形；老树皮较厚有纵裂，黑褐色，常鳞片状开裂，树干上部树皮很薄，褐黄色或淡黄色，薄皮脱落；轮枝明显，每轮 5~12 个，多为 7~9 个；20 年大枝斜上或平展，1 年生枝条淡黄色，2~3 年后变为灰褐色，大枝基部与树干上部的皮色相同；芽圆柱状、椭圆形或长圆卵状不等，尖端钝或尖，黄褐色或棕黄色，表面有树脂；叶 2 针 1 束，稀有 3 针，粗硬，稍扁扭曲，长 5~8 cm；树脂道 7~11 条，维管间距较大；冬季叶变为黄绿色；属于风媒花，雌花生于新枝尖端，雄花生于新枝下部；1 年生小球果下垂，绿色，翌年 9~10 月成熟，球果长卵形，黄绿色或灰黄色；第三年春球果开裂，鳞脐小，疣状凸起，有短刺，易脱落，每鳞片上生两枚种子，种翅为种子的 3~5 倍长，种子大小不等，扁卵形，黑褐色，灰黑色，黑色不等，先端尖；花期 5~6 月；果期次年 9~10 月。

3. 杉科 Taxodiaceae

016 杉木 *Cunninghamia lanceolata*（Lamb.）Hook

常绿乔木，树高可达 30~40 m，胸径可达 2~3 m；从幼苗到大树单轴分枝，主干通直圆满；侧枝轮生，向外横展，幼树冠尖塔形，大树树冠圆锥形；叶螺旋状互生，侧枝之叶基部扭成 2 列，线状披针形，先端尖而稍硬，长 3~6 cm，边缘有细齿，上面中脉两侧的气孔线较下面的为少；雄球花簇生枝顶；雌球花单生，或 2~3 朵簇生枝顶，卵圆形；苞鳞与珠鳞结合而生，苞鳞大，珠鳞先端 3 裂，腹面具 3 胚珠；球果近球形或圆卵形，长 2.5~5 cm，径 3~5 cm，苞鳞大，革质，扁平，三角状宽卵形，先端尖，边缘有细齿，宿存；种鳞形小，较种子短，生于苞鳞腹面下部，每种鳞具 3 枚扁平种子；种子扁平，长 6~8 mm，褐色，两侧有窄翅；子叶 2 枚；花期 4 月；果期 10 月下旬。

017 水杉 *Metasequoia glyptostroboides* Hu et Cheng

落叶乔木，高达 35~41.5 m，胸径达 1.6~2.4 m；树皮灰褐色或深灰色，裂成条片状脱落；小枝对生或近对生，下垂；叶交互对生，在绿色脱落的侧生小枝上排成羽状二列，线形，柔软，几乎无柄，通常长 1.3~2 cm，宽 1.5~2 mm，上面中脉凹下，下面沿中脉两侧有 4~8 条气孔线；雌雄同株，雄球花单生叶腋或苞腋，卵圆形，交互对生排成总状或圆锥花序状，雄蕊交互对生，约 20 枚，花药 3，花丝短，药隔显著；雌球花单生侧枝顶端，由 22~28 枚交互对生的苞鳞和珠鳞所组成，各有 5~9 胚珠；球果下垂，当年成熟，果蓝色，可食用，近球形或长圆状球形，微具四棱，长 1.8~2.5 cm；种鳞极薄，透明；苞鳞木质，盾形，背面横菱形，有一横槽，熟时深褐色；种子倒卵形，扁平，周围有窄翅，先端有凹缺；花期 2 月下旬；果期 11 月。

018 柳杉 *Cryptomeria fortunei* Hooibrenk ex Otto et Diert.

常绿乔木，高达 40 m，胸径可达 3 m；干皮红棕色长条状脱落，叶钻形，螺旋状成 5 列覆盖于小枝上，叶先端尖，四面具白色气孔线，叶尖略向内弯；雌雄同株异花，雄花单生于小枝叶腋成短穗状花序；雌花球形，单生枝顶，叶直伸，果枝上的叶长不足 1 cm；雄球花长约 0.5 cm，黄色；雌球花淡绿色；球果近球形，径 1.8~2 cm，深褐色；种鳞约 20 片，苞鳞的尖头和种鳞顶端的缺齿较短，每种鳞有 2 种子；种子三角状长圆形，长约 4 mm；花期 4 月；果期 10~11 月。

4. 柏科 Cupressaceae

019 侧柏 *Platycladus orientalis*(L.)Franco

常绿乔木,树高一般达 20 m;干皮淡灰褐色,条片状纵裂;小枝排成平面;全部鳞叶,叶二型,中央叶倒卵状菱形,背面有腺槽,两侧叶船形,中央叶与两侧叶交互对生;雌雄同株异花,雌雄花均单生于枝顶;球果阔卵形,近熟时蓝绿色被白粉;种鳞木质,红褐色,种鳞 4 对,熟时张开,背部有一反曲尖头,种子脱出;种子卵形,灰褐色,无翅,有棱脊;幼树树冠卵状尖塔形,老时广圆形;叶、枝扁平,排成一平面,两面同型;花期 3~4 月;果期 9~10 月。

020 千头柏 *Platycladus orientalis*(L.)Franco cv‘Sieboldii’

为侧柏的栽培变种，常绿灌木，高可达 3~5 m；植株丛生状，树冠卵圆形或圆球形；树皮浅褐色，呈片状剥离；大枝斜出，小枝直展，扁平，排成一平面；叶鳞形，交互对生，紧贴于小枝，两面均为绿色；球花单生于小枝顶端；球果卵圆形，肉质，蓝绿色，被白粉，熟时红褐色；种子卵圆形或长卵形；花期 3~4 月；果期 10~11 月。

021 柏木 *Cupressus funebris* Endl.

常绿乔木，高达 35 m，胸径 2 m；树皮淡褐灰色，裂成窄长条片；小枝细长下垂，生鳞叶的小枝扁，排成一平面，两面同形，暗褐紫色，略有光泽；鳞叶二型，长 1~1.5 mm，先端锐尖，中央之叶的背部有条状腺点，两侧的叶对折，背部有棱脊；雄球花椭圆形或卵圆形，长 2.5~3 mm，雄蕊通常 6 对，药隔顶端常具短尖头，中央具纵脊，淡绿色，边缘带褐色；雌球花长 3~6 mm，近球形，径约 3.5 mm；球果圆球形，径 8~12 mm，熟时暗褐色；种鳞 4 对，顶端为不规则五角形或方形，宽 5~7 mm，中央有尖头或无，能育种鳞有 5~6 粒种子；种子宽倒卵状菱形或近圆形，扁，熟时淡褐色，有光泽，长约 2.5 mm，边缘具窄翅；子叶 2 枚，条形，先端钝圆；初生叶扁平刺形，起初对生，后 4 叶轮生；花期 3~5 月；果期次年 5~6 月。

022 高山柏 *Sabina squamata* Buch.-Hami (t.) Ant.

常绿匍匐状灌木；树皮斑驳；枝条斜展，弯曲下垂；小枝密，倾斜向上；叶形小，全为刺形，3 叶轮生，顶端渐尖，长 4~6 mm，或稍长，排列紧密，稍向内曲，显著灰绿色，被白粉，第二年变为蓝绿色；球果卵形，红褐色逐渐转为黑色；种子 1 粒。

023 叉子圆柏(臭柏) *Sabina vulgaris* Ant.

常绿匍匐状灌木;分枝细,小枝揉之则发臭味,老枝皮暗褐色,光滑;叶交互对生;鳞形叶相互紧覆,长 1~2.5 mm,先端钝或微尖,全缘,下面中部生有椭圆形腺体;刺形叶常生于幼龄植株上,有时壮龄植株亦有少量刺形叶,排列紧密,向上斜伸不开展,长 3~7 mm,上面凹入,中肋明显,被白粉;雌雄异株,雌球花珠鳞 2 个;球果浆果状,肾形,生于较长而垂曲的小枝顶端,呈不规则倒卵状球形、近圆形或卵圆形,顶端圆、平或呈叉状,长 5~9 mm,有白粉,熟时暗褐紫色或紫黑色,内有种子 1~5(多 2~3)粒;种子近卵圆形,稍扁,具棱脊,有少量树脂槽;花期 4~5 月;果期 9~10 月。

024 刺柏 *Juniperus formosana* Hayata

常绿小乔木，高达 12 m；树皮褐色，纵裂，呈长条薄片脱落；树冠塔形，大枝斜展或直伸，小枝下垂，三棱形；叶全部刺形，坚硬且尖锐，长 12~20 mm，宽 1.2~2 mm，3 叶轮生，先端尖锐，基部不下延，表面平凹，中脉绿色而隆起，两侧各有 1 条白色气孔带，较绿色的边带宽，背面深绿色而光亮，有纵脊；雌雄同株或异株；球果近圆球形，肉质，直径 6~10 mm，顶端有 3 条皱纹和三角状钝尖突起，淡红色或淡红褐色，成熟后顶稍开裂，有种子 1~3 粒；种子半月形，有 3 棱；花期 4 月；果需要 2 年成熟。

025 杜松 *Juniperus rigida* Sieb. et Zucc.

常绿小乔木，高达 10 m；枝条直展，形成塔形或圆柱形的树冠，枝皮褐灰色，纵裂；小枝下垂，幼枝三棱形，无毛；叶三叶轮生，条状刺形，质厚，坚硬，长 1.2~1.7 cm，宽约 1 mm，上部渐窄，先端锐尖，上面凹下成深槽，槽内有 1 条窄白粉带，下面有明显的纵脊，横切面成内凹的“V”状三角形；雄球花椭圆状或近球状，长 2~3 mm，药隔三角状宽卵形，先端尖，背面有纵脊；球果圆球形，径 6~8 mm，成熟前紫褐色，熟时淡褐黑色或蓝黑色，常被白粉；种子近卵圆形，长约 6 mm，顶端尖，有 4 条不显著的棱角；花期 5 月；果期次年 10 月。

5. 三尖杉科 Cephalotaxaceae

026 粗榧 *Cephalotaxus sinensis* (Rehd. et Wils.) Li

小乔木或灌木，高达 10 m；树皮灰色或灰褐色，裂成薄片状脱落；叶线形，排列成两列，质地较厚，通常长 2~4 cm，宽 3 mm，基部近圆形，几乎无柄，先端突尖，上面中脉明显，背面有 2 条白粉带；雄球花卵圆形，基部有 1 苞片，雄蕊 4~11，梗短 3 mm；种子通常 2~5，卵圆形、椭圆形，顶端中央有一小尖头；花期 4 月；果期次年 10 月。

6. 红豆杉科 Taxaceae

027 红豆杉 *Taxus chinensis*(Pilger)Rehd.

常绿小乔木;树皮鳞片状,褐红色;冬芽有覆瓦状排列的鳞片;叶线形,2 列,背面淡绿色或淡黄色,无树脂管;球花小,单生于叶腋内,早春开放;雄球花为具柄、基部有鳞片的头状花序,有雄蕊 6~14,盾状,每一雄蕊有花药 4~9 个;雌球花有一个顶生的胚珠,基部托以盘状珠托,下部有苞片数枚;花后珠托发育成杯状、肉质的假种皮,半包围着种子或为盘状膜质的种托承托着种子;种子坚果状,当年成熟;子叶 2 枚。

7. 杨柳科 Salicaceae

028 山杨 *Populus davidiana* Dode

落叶乔木，高达 25 m；冬芽卵形，无毛，略有黏液；叶三角状圆形或圆形，长宽近相等，2.5~6.5 cm，先端圆钝或急尖，基部宽楔形或圆形，边缘有波状钝齿，幼时微有柔毛，老时无毛；叶柄长 2.5~6 cm，无毛；花序轴有疏柔毛；雄花序长 5~9 cm；苞片深裂，有疏柔毛；雄蕊 6~11，雌花序长 4~7 cm；柱头 2，2 深裂；蒴果椭圆状纺锤形，2 瓣裂开；花期 3~4 月；果期 4~5月。

029 小叶杨 *Populus simonii* Carr.

落叶乔木，高达 15 m；树冠长卵圆形；干皮幼时灰绿、光滑，老时暗灰、纵裂；小枝红褐或黄褐色，具棱；叶菱状椭圆形，先端短渐尖，基部楔形，缘具细钝锯齿，长 3~12 cm，宽 2~8.5 cm，两面光滑无毛，叶表绿色，叶背苍绿色，叶脉和叶柄均带绿色；雌雄异株，雌雄花均为葇荑花序；蒴果无毛，2~3 瓣裂，种子小，有毛；花先叶开放，花期 4 月；果期 4 月。

030 毛白杨 *Populus tomentosa* Carr.

落叶乔木，高达 30 m，胸径 2 m；树冠卵圆形或卵形；树干通直，树皮灰绿色至灰白色；冠幅雄伟美观；皮孔鞭形；芽卵形略有绒毛；叶卵形、宽卵形或三角状卵形，先端渐尖或短渐类，基部心形或平截，叶波状缺刻或锯齿，背面密生白绒毛，后全脱落；叶柄扁，顶端常有 2~4 腺体；蒴果小；花期 3 月；果期 4 月。

031 太白杨(波氏杨) *Populus purdomii* Rehd.

落叶乔木,高达 25 m;小枝无毛,灰色或浅黄棕色;冬芽尖锐,无毛,有黏质;叶卵形或宽卵形,长 7~14 cm,宽 4~9 cm,先端渐尖,基部圆形或近心形,边缘有微锯齿或钝锯齿,齿先端有腺体,上面除缘毛外无毛,下面带白色,沿叶脉有疏生或密生柔毛,有时无毛,叶脉及网脉突起且显著;叶柄长 2.5~5 cm;萌发枝的叶长圆卵形,长达 25 cm,宽达 13 cm;果穗长 11 cm,无毛;蒴果球状,卵形,长约 7 mm,2~3 裂,无梗或近无梗;花期 4~5 月;果期 5~6 月。

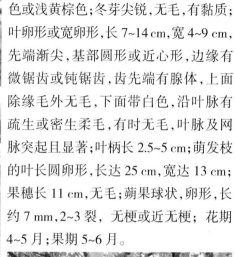

032 垂柳 *Salix babylonica* Linn.

落叶乔木，高达 18 m，胸径 1 m；树冠倒广卵形；小枝细长下垂，淡黄褐色；叶互生，披针形或条状披针形，长 8~16 cm，先端渐长尖，基部楔形，无毛或幼叶微有毛，具细锯齿，托叶披针形；雄蕊 2，花丝分离，花药黄色，腺体 2；雌花子房无柄，腺体 1；花期 3~4 月；果期 4~5 月。

033 旱柳 *Salix matsudana* Koidz.

落叶乔木，高达 20 m，胸径 80 cm；树冠倒卵形；树皮暗灰黑色，有裂沟；大枝斜展，嫩枝有毛后脱落，淡黄色或绿色；叶披针形或条状披针形，先端渐长尖，基部窄圆或楔形，无毛，下面略显白色，细锯齿，嫩叶有丝毛后脱落；雄蕊 2，花丝分离，基部有长柔毛，腺体 2；雌花腺体 2；花期4 月；果期 4~5月。

034 北沙柳(沙柳) *Salix psammophila* C.Wang et Ch.Y.Yang

落叶灌木,高 3~4 m;当年枝初被短柔毛,后几无毛,上年生枝淡黄色,常在芽附近有一块短绒毛;叶线形,长 4~8 cm,宽 2~4 mm(萌条叶长至 12 cm),先端渐尖,基部楔形,边缘疏锯齿,上面淡绿色,下面带灰白色,幼叶微有绒毛,成叶无毛;叶柄长约 1 mm;托叶线形,常早落(萌枝上的托叶常较长)。花先叶或几与叶同时开放,花序长 1~2 cm,具短花序梗和小叶片,轴有绒毛;苞片卵状长圆形,先端钝圆,外面褐色,稀较暗,无毛,基部有长柔毛;腺体 1,腹生,细小;雄蕊 2,花丝合生,基部有毛,花药 4 室,黄色;子房卵圆形,无柄,被绒毛,花柱明显,长约 0.5 mm,柱头 2 裂,具开展的裂片;花期 3~4 月;果期 5 月。

8. 胡桃科 Juglandaceae

035 核桃 *Juglans regia* Linn.

落叶乔木，高达 35 m；树皮灰白色，浅纵裂；枝条髓部片状，幼枝先端具细柔毛；2 年生枝常无毛；羽状复叶长 25~50 cm，小叶 5~9 个，稀有 13 个，椭圆状卵形至椭圆形，顶生小叶通常较大，长 5~15 cm，宽 3~6 cm，先端急尖或渐尖，基部圆或楔形、有时为心脏形，全缘或有不明显钝齿，表面深绿色，无毛，背面仅脉腋有微毛，小叶柄极短或无；雄葇荑花序长 5~10 cm，雄花有雄蕊 6~30 个，萼 3 裂；雌花 1~3 朵聚生，花柱 2 裂，赤红色；果实球形，直径约 5 cm，灰绿色，幼时具腺毛，老时无毛，内部坚果球形，黄褐色，表面有不规则槽纹；花期 3~5 月；果期 9~11 月。

036 野核桃 *Juglans cathayensis* Dode

落叶乔木或小乔木，树高 5~20 m；树冠广圆形，小枝有腺毛；奇数羽状复叶，小叶 9~17 片；叶缘细锯齿，叶表面有稀疏的茸毛，背面浅绿色，密生腺毛；雌花序有 6~10 朵小花串生；果实卵圆形，先端急尖，表面黄绿色，有腺毛；坚果卵圆形，壳坚厚，有 6~8 条棱脊，内隔壁骨质，极难取仁；花期 4~5 月；果期 8~10 月。

037 枫杨 *Pterocarya stenoptera* C. DC.

落叶大乔木，高达 30 m；干皮灰褐色，幼时光滑，老时纵裂；具柄裸芽，密被锈毛；小枝灰色，有明显的皮孔且髓心片隔状；奇数羽状复叶，但顶叶常缺而呈偶数状，叶轴具翅和柔毛，小叶 5~8 对，无柄，长 8~12 cm，宽 2~3 cm，缘具细齿，叶背沿脉及脉腋有毛；雌雄同株异花，雄花葇荑花序状，雌花穗状；小坚果，两端具翅；花期 5 月；果期 9月。

038 化香 *Platycarya strobilacea* Sieb. et Zucc.

落叶小乔木，高 2~5 m；树皮纵深裂，暗灰色；枝条褐黑色，幼枝棕色有绒毛，髓实心；奇数羽状复叶互生，长 15~30 cm；小叶 7~15 片，长 3~10 cm，宽 2~3 cm，薄革质，顶端长渐尖，边缘有重锯齿，基部阔楔形，稍偏斜，表面暗绿色，背面黄绿色，幼时有密毛；花单性，雌雄同穗状花序，直立；雄花序在上，长 4~10 cm，有苞片披针形，长 3~5 mm，表面密生褐色绒毛，雄蕊通常 8；雌花序在下，长约 2 cm，有苞片宽卵形，长约 5 mm；花柱短，柱头 2 裂；果序球果状，长椭圆形，暗褐色；小坚果扁平，直径约 5 mm，有 2 狭翅；花期 5~6 月；果期 7~10 月。

9. 桦木科 Betulaceae

039 光皮桦(亮叶桦、桦角、花胶树) *Betula luminifera* H. Winkl.

落叶乔木,高可达 20 m,胸径可达 80 cm;树皮红褐色或暗黄灰色,平滑;枝条红褐色,无毛,有蜡质白粉;小枝黄褐色,密被淡黄色短柔毛,疏生树脂腺体;芽鳞无毛,边缘被短纤毛;叶顶端骤尖或呈细尾状,基部圆形,有时近心形或宽楔形,边缘具不规则的刺毛状重锯齿,叶下面密生树脂腺点,沿脉疏生长柔毛,脉腋间有时具髯毛,侧脉 12~14 对;叶柄密被短柔毛及腺点,极少无毛;雄花序 2~5 枚簇生于小枝顶端或单生于小枝上部叶腋;序梗密生树脂腺体;小坚果倒卵形,长约 2 mm,背面疏被短柔毛,膜质翅宽为果的 1~2 倍;花期 3~4 月;果期 5~6 月。

040 牛皮桦 *Betula utilis* D. Don.

落叶乔木，高可达 33 m；树皮暗红褐色，呈层剥裂；枝条红褐色，无毛；小枝褐色，密被树脂腺体和短柔毛，较少无腺体无毛；叶厚纸质，卵形、长卵形至椭圆形或矩圆形，长 4~9 cm，宽 2.5~6 cm，顶端渐尖或长渐尖，有时成短尾状，基部圆形或近心形，边缘具不规则的锐尖重锯齿；上面深绿色，幼时密被白色长柔毛，后渐变无毛，下面密生腺点，沿脉密被白色长柔毛，脉腋间具密髯毛，侧脉 8~14 对；小坚果倒卵形，长 2~3 mm，宽 1.5~2 mm，上部疏被短柔毛，膜质翅与果近等宽；花期 5~6 月；果期 7~8 月。

041 红桦 *Betula albosinensis* Burk

落叶乔木,高达25 m;树皮橘红或红褐色,小枝紫褐色,无毛,有时疏生腺点;叶卵形或长卵形,长 5~10 cm,先端渐尖;果序单生,少数 2 个并生,短圆柱形,长 3~6 cm,果苞边缘有毛,果翅与小坚果近等宽或稍窄;种子 9 月下旬成熟。

042 白桦 *Betula platyphylla* Suk.

落叶乔木，高达 25 m，胸径 50 cm；树冠卵圆形，树皮白色，纸状分层剥离，皮孔黄色；小枝细，红褐色，无毛，外被白色蜡层；叶三角状卵形或菱状卵形，先端渐尖，基部广楔形，缘有不规则重锯齿，侧脉 5~8 对，背面疏生油腺点，无毛或脉腋有毛；果序单生，下垂，圆柱形；坚果小而扁，两侧具宽翅；花单性，雌雄同株，葇荑花序；果序圆柱形，果苞长 3~7 mm，中裂片三角形，侧裂片平展或下垂；小坚果椭圆形，膜质翅与果等宽或较果稍宽；花期 5~6 月；8~10 月果熟。

043 桤木（水冬瓜树、水青风、桤蒿）*Alnus cremastogyne* Burk.

落叶乔木，高 40 m，胸径 150 cm；叶倒卵形，长 3~12 cm，宽 2~5 cm，先端渐尖，基部楔形，边缘具疏细齿；叶柄细长，长 1~3 cm；雄花序 2~5 排成总状，下垂，先叶开放；果序 2~8 集生，稀单生，矩圆形或圆卵形，长 1.5~2.5 cm，径 0.7~1.2 cm；小坚果卵形或倒卵形，长 3~4 mm，宽 2~2.5 cm；果翅厚纸质，极窄，宽为果的 1/4；花期 2~3 月；果期 11 月。

10. 榛科 Corylaceae

044 藏刺榛 *Corylus ferox* Wall. var. *thibetica* (Batal.) Franch.

落叶小乔木，高 4~10 m；小枝褐色，疏被长柔毛或无毛；叶宽卵形至宽倒卵形，长 4~12 cm，宽 3~8 cm，基部心形或圆形，叶柄长 2~4 cm；3~6 果簇生，总苞外具有密集细瘦锐利的针刺，刺分枝；花期 3~4 月；果期 9~10 月。

045 榛 *Corylus heterophylla* Fisch.

落叶灌木或小乔木，高 1~7 m；叶互生，阔卵形至宽倒卵形，长 5~13 cm，宽 4~7 cm，先端近截形而有锐尖头，基部圆形或心形，边缘有不规则重锯齿，上面无毛，下面脉上有短柔毛，叶柄长 1~2 cm，密生细毛；托叶小，早落；花单性，雌雄同株，先叶开放；雄花成葇荑花序，圆柱形，长 5~10 cm，每苞有副苞 2 个，苞有细毛，先端尖，鲜紫褐色，雄蕊 8，花药黄色；雌花 2~6 个簇生枝端，开花时包在鳞芽内，仅有花柱外露，花柱 2 个，红色；小坚果近球形，径约 0.7~1.5 cm，淡褐色，总苞叶状或钟状，由 1~2 个苞片形成，边缘浅裂，裂片几全缘，有毛；花期 4~5 月；果期 9~10 月。

046 华榛 *Corylus chinensis* Franch.

落叶乔木或小乔木，高可达 12 m；树皮灰褐色，纵裂；小枝黄褐色，具细毛及腺毛，并有圆形皮孔；芽卵圆形，红褐色，先端圆，鳞片覆瓦状排列，外被细柔毛；叶卵形至卵状长圆形，长 5~18 cm，宽 3~10 cm，先端渐尖，基部斜脉有短毛，叶柄长 1~3 cm；雄花序 4~6 个簇生；果实 4~6 个簇生于小枝顶；总苞管状，长 2.5~3.5 cm，于果实上部收缩，具纵纹，表面密生细毛及刺毛状腺体，顶端具腺形常向外反曲的裂齿；坚果球形，直径约 1.5 cm；花期 4~5 月；果期 9~10 月。

047 虎榛子 *Ostryopsis davidiana*（Ball.）Decne

落叶灌木，高 1~3 m；树皮浅灰色；枝条灰褐色，无毛，密生皮孔；小枝褐色，具条棱；芽卵状，细小，长约 2 mm，具数枚膜质、被短柔毛、覆瓦状排列的芽鳞；叶卵形或椭圆状卵形，顶端渐尖或锐尖，基部心形、斜心形或几圆形，边缘具重锯齿，中部以上具浅裂，上面绿色，多被短柔毛，下面淡绿色，密被褐色腺点，疏被短柔毛；叶柄长 3~12 mm，密被短柔毛；雄花序单生于小枝的叶腋，倾斜至下垂，短圆柱形，花序梗不明显；苞鳞宽卵形，外面疏被短柔毛；果 4 枚至多枚排成总状，下垂，着生于当年生小枝顶端，果梗短；果苞厚纸质，长 l~1.5 cm，下半部紧包果实，上半部延伸呈管状平面密被短柔毛，具条棱，绿色带紫红色，成熟后一侧开裂，顶端 4 裂，裂片长达果苞的 1/4~1/3；小坚果宽卵圆形或几球形；花期 4~5 月；果期 6~7 月。

048 鹅耳枥 *Carpinus turczaninowii* Hance

落叶乔木，高达 5 m；树皮铁锈色；小枝幼时有细绒毛，后无毛；叶卵形、阔卵形或卵状菱形，长 2.5~5.0 cm，宽 1.5~3.0 cm，顶端急尖，基部圆形或阔楔形，有时近心形，边缘有齿牙状重锯齿，背面沿脉有柔毛，侧脉 8~12 对；果序稀疏，长 3~4 cm，序梗有细绒毛；果苞内缘有锯齿，少全缘，基部有 1 内折短裂片，外缘有不规则缺刻状粗锯齿，基部无裂片；小坚果卵形，有树脂状腺体；花期 5 月；果期 8~9 月。

049 铁木 *Ostrya japonica* Sarg.

落叶乔木，高达 20 m；小枝褐色，具细条棱，密被短毛或无毛；叶卵形至卵状披针形，长 3.5~12 cm，宽 1.5~5.5 cm，顶端渐尖，基部几圆形，心形或宽楔形，边缘具不规则重锯齿，两面脉上被短柔毛，脉腋间具鬓毛，侧脉 10~15 对，叶柄 10~15 mm，被短柔毛；小坚果长卵圆形，长约 6 mm，无毛。

11. 壳斗科 Fagaceae

050 茅栗 *Castanea seguinii* Dode

落叶灌木或小乔木，高 6~15 m；叶互生；薄革质，椭圆状长圆形或长圆状倒卵形至长圆状披针形，长 9.5~13 cm，宽 3.5~4.5 cm，基部圆钝或略近心形，先端渐尖，边缘具短刺状小锯齿，羽状侧脉 12~16 对，上面光亮，脉上有毛，下面褐黄色，具鳞状腺点；花单性，雌雄同株；雄花序穗状，单生于新枝叶腋，直立，长 6~7 cm，单被花，雄蕊 10~14；雌花生于雄花序下部，通常 3 花聚生，子房下位，6 室；总苞近球形，直径 3~4 cm，外面生细长尖刺，刺长 4~5.5 mm；每壳斗有坚果 3~7；坚果扁圆形，褐色，径 1~1.5 cm；花期 5 月；果期 9~10 月。

051 板栗 *Castanea mollissima* Bl.

落叶乔木，高达 20 m；树皮暗灰色，呈沟裂；小枝黄褐色，被短柔毛，在老树上者还杂有长柔毛；叶椭圆状长圆形、卵状长圆形或长圆形披针形，长 10~18 cm，宽 4~6 cm，先端渐尖，有时近尾状，基部圆形或广楔形，罕截形，上面深绿，除中肋外光滑，下面被苍白色绒毛或绿色被短柔毛，至少脉上有，叶缘有疏锯齿，齿渐尖；花单性，雌雄同株；雄花为葇荑花序，雌花单独或数朵生于总苞内；坚果包藏在密生尖刺的总苞内，一个总苞内有 2~3 个坚果，成熟后总苞裂开，栗果脱落；坚果紫褐色，被黄褐色茸毛，或近光滑，果肉淡黄；花期 4~6 月；果期 8~10 月。

052 细叶青冈 *Cyclobalanopsis gracilis*（Rehd. et Wils.）Cheng et T. Hong

常绿乔木，高达 15 m；树皮灰褐色；小枝幼时被绒毛，后渐脱落；叶片长卵形至卵状披针形，顶端渐尖至尾尖，基部楔形或近圆形，叶面亮绿色，叶背灰白色，有伏贴单毛；雄花序轴被疏毛；雌花序顶端着生 2~3 朵花，花序轴及苞片被绒毛；壳斗碗形，包着坚果 1/3~1/2；小苞片合生成 6~9 条同心环带，环带边缘通常有裂齿；坚果椭圆形；花期 3~4 月；果期 10~11 月。

053 刺橡（铁橡树、刺青冈、刺叶栎）*Quercus spinosa* David. ex Fr.

常绿灌木或小乔木，高 3~6 m；幼枝有黄色星状毛，后渐脱净；叶倒卵形至椭圆形，稀近圆形，长 2.5~5 cm，宽 1.5~3.5 cm，先端圆形，基部圆形至心形，边缘有刺状锯齿或全缘，幼时上面疏生星状绒毛，下面密生棕色星状毛，中脉有灰黄色绒毛，老时仅在下面中脉基部有暗灰色绒毛，叶脉在上面凹陷，叶面皱褶，侧脉 4~8 对，叶柄长 2~3 mm，托叶脱落；壳斗杯形，包围坚果约 1/4，直径 0.9~1.5 cm，高 6~9 mm，内面有灰色绒毛；苞片三角形，背面隆起；坚果两年成熟，卵形至椭圆形，直径 1~1.3 cm，长 1.6~2 cm；种子含淀粉；壳斗和树皮含鞣质；花期 5~6 月；果期次年 9~10 月。

054 麻栎 *Quercus acutissima* Carr.

落叶乔木，高达 25 m；树皮暗灰色，浅纵裂；幼枝密生绒毛，后脱落；叶椭圆状披针形，长 8~18 cm，宽 3~4.5 cm，顶端渐尖或急尖，基部圆形或阔楔形，边缘有锯齿，齿端成刺芒状，背面幼时有短绒毛，后脱落，仅在脉腋有毛，叶柄长 2~3 cm；壳斗杯形；苞片锥形，粗长刺状，有灰白色绒毛，反曲，包围坚果 1/2；坚果卵球形或长卵形，直径 1.5~2.0 cm；果脐隆起；花期 4 月；果期次年 10 月。

055 栓皮栎 *Quercus variabilis* Bl.

落叶乔木，高达 25 m；树皮深灰色，纵深裂；木栓层发达，树皮深纵裂，黑灰色；叶互生；宽披针形，长 8~15 cm，宽 3~6 cm，顶端渐尖，基部阔楔形；边缘具芒状锯齿；叶背灰白，密生细毛；壳斗碗状，径 2 cm，包坚果 2/3以上，苞反曲；坚果球形，直径 1.5 cm，顶圆微凹；花期 3~4 月；果期次年 9~10 月。

056 槲树 *Quercus dentata* Thunb.

落叶乔木，高达 25 m；树皮暗灰色，宽纵裂；小枝粗壮，具沟槽并密生黄灰色星状绒毛；大型叶片倒卵形，长达 30 cm，宽达 20 cm，通常大小在长为 10~20 cm，宽在 6~13 cm 之间，叶先端钝圆或钝尖，基部耳形，叶缘有 4~10 对波状缺裂，幼叶有毛，侧脉 4~10 对，叶柄极短，长仅 2~5 mm，密被绒毛；壳斗杯形，高约 1 cm，径 1.5~1.8 cm，包围坚果约 1/2；苞片狭披针形，棕红色，反卷；小坚果卵形至椭圆形，长 1.5~2.5 cm，径约 1.5 cm；花期 4~5 月；果期 9~10 月。

057 锐齿栎 *Quercus aliena* var. *acuteserrata* Maxim.

落叶乔木，高达 20 m；树皮暗灰色，深裂；老枝暗紫色，具多数灰白色突起的皮孔；幼枝黄褐色，具沟纹，无毛；冬芽鳞片赤褐色，被白色绒毛；叶倒卵状椭圆形或长圆形，长 10~20 cm，宽 5~13 cm，先端渐尖或钝，基部渐狭呈楔形或略呈心形，边缘有深波状粗锯齿，齿端钝圆，表面深绿色，无毛，背面灰绿色，密生星状毛，侧脉 11~18 对，叶柄长 1.5~3 cm；雄花序长 4~8 cm，雄花单生或数朵簇生，雄蕊常 10 枚；雌花序生于当年生枝叶腋，单生或 2~3 朵簇生子房 3 室，柱头 3 裂；壳斗浅杯状，边缘厚或较薄；鳞片线状披针形，紧密，暗褐色，外被灰色密毛；坚果长椭圆形或卵状球形，长 20~25 mm，直径约为其半；花期 4~5 月；果期 10 月。

058 岩栎 *Quercus acrodonta* Seem.

常绿乔木，高达 10 m；小枝密被灰黄色短柔毛；叶椭圆状披针形、椭圆形或长倒卵形，长 2~6 cm，宽 1~2 cm，顶端短渐尖，基部圆形或近心形，背面密被灰黄色绒毛，侧脉纤细，两面均不显著，约 8~11 对；叶拥 3~5 mm，密被灰黄色绒毛；壳斗碗形，包围坚果约 1/2，直径 1~1.5 cm，高 5~8 mm；苞片椭圆形，长约 1.5 mm，紧密覆瓦状排列，被灰白色绒毛，顶端红色，无毛；坚果长椭圆形，直径约 5 mm，高约 8~9 mm，有宿存花柱，果脐微凸起；花期 3~4 月；果期 9~10 月。

059 辽东栎 *Quercus wutaishanica* Blume

落叶乔木；高 10~20 m；树皮暗灰色，深纵裂；幼枝无毛，灰绿色；叶革质，倒卵圆形或椭圆状卵形，长 5~17 cm，宽 2.5~10 cm，顶端圆钝，基部耳形或圆形，叶缘具 5~7 对波形圆齿，幼时沿叶脉有毛，侧脉 5~7 对，叶柄短；花单生，雌雄同株，葇荑花序下垂，花苞成熟时木质化、碗状；壳斗包坚果的 1/3，坚果卵形，直径 1.2~1.5 cm，高约 8 mm；花期 4~5 月；果期 9 月。

12. 榆科 Ulmaceae

060 榆树 *Ulmus pumila* Linn.

落叶乔木;叶椭圆状卵形或椭圆状披针形,长 2~8 cm,两面均无毛,间或脉腋有簇生毛,侧脉 9~16 对,边缘多具单锯齿;叶柄长 2~10 mm;花先叶开放,多数成簇状聚伞花序,簇生于去年枝的叶腋;翅果近圆形或宽倒卵形,长 1.2~1.5 cm,无毛;种子位于翅果的中部或近上部;柄长约 2 mm;花期 3~4 月;果期 4~6 月。

061 青檀 *Pteroceltis tatarinowii* Maxim.

落叶乔木，高达 20 m；树皮灰色或深灰色，不规则的长片状剥落；小枝黄绿色，干时变栗褐色，疏被短柔毛，后渐脱落，皮孔明显，椭圆形或近圆形；冬芽卵形；叶纸质，宽卵形至长卵形，先端渐尖至尾状渐尖，基部不对称，楔形、圆形或截形，边缘有不整齐的锯齿，基部 3 出脉；翅果状坚果近圆形或近四方形，果实常有不规则的皱纹，有时具耳状附属物，具宿存的花柱和花被，果梗纤细，长 1~2 cm，被短柔毛；花期 3~5 月；果期 8~9 月。

062 朴树 *Celtis sinensis* Pers.

落叶乔木，高达 20 m；树冠扁圆形；树皮灰褐色，粗糙而不开裂，枝条平展；叶广卵形或椭圆形，先端短渐尖，基部歪斜，边缘上半部有浅锯齿，叶脉三出，侧脉在 6 对以下，不直达叶缘，叶面无毛，叶脉沿背疏生短柔毛；花 1~3 朵生于当年生枝叶腋；核果近球形，熟时橙红色，核果表面有凹点及棱背，单生或两个并生；花期 4 月；果期 10 月。

063 榉树 *Zelkova serrata* (Thunb.) Makino

落叶乔木，高达 30 m；树皮灰白色或褐灰色，呈不规则的片状剥落；当年生枝紫褐色或棕褐色，疏被短柔毛，后渐脱落；冬芽圆锥状卵形或椭圆状球形；叶薄纸质至厚纸质，大小形状变异很大，卵形、椭圆形或卵状披针形，先端渐尖或尾状渐尖，基部有的稍偏斜，圆形或浅心形；叶边缘有圆齿状锯齿，具短尖头，侧脉(5~)7~14 对；叶柄粗短，被短柔毛；雄花具极短的梗，花被裂至中部，花被裂片 6~7；雌花近无梗，花被片 4~5，外面被细毛；核果几乎无梗，淡绿色，斜卵状圆锥形，上面偏斜，凹陷，直径 2.5~3.5 mm；花期 4 月；果期 9~11 月。

064 刺榆 *Hemiptelea davidii* (Hance) Planch.

落叶小乔木，高可达 15 m，或呈灌木状；树皮深灰色或褐灰色，不规则的条状深裂；小枝灰褐色或紫褐色，被灰白色短柔毛，具粗而硬的棘刺，刺长 2~10 cm；冬芽常 3 个聚生于叶腋，卵圆形；叶椭圆形或椭圆状矩圆形，稀倒卵状长 4~7 cm，宽椭圆形，1.5~3 cm，先端急尖或钝圆，基部浅心形或圆形，边缘有整齐的粗锯齿，叶面绿色，幼时被毛，后脱落残留有稍隆起的圆点，叶背淡绿，光滑无毛，或在脉上有稀疏的柔毛，侧脉 8~12 对，排列整齐，斜直出至齿尖；叶柄短，长 3~5 mm，被短柔毛；托叶矩圆形、长矩圆形或披针形，长 3~4 mm，淡绿色，边缘具睫毛；小坚果黄绿色，斜卵圆形，两侧扁，上半部有一鸡冠状翅；花期 4~5 月；果期 9~10 月。

13. 桑科 Moraceae

065 无花果 *Ficus carica* Linn.

落叶灌木或乔木，高达12 m，有乳汁；干皮灰褐色，平滑或不规则纵裂；小枝粗壮，托叶包被幼芽，托叶脱落后在枝上留有极为明显的环状托叶痕；单叶互生，厚膜质，宽卵形或近球形，长10~20 cm，3~5掌状深裂，少有不裂，边缘有波状齿，上面粗糙，下面有短毛；肉质花序、托有短梗，单生于叶腋；雄花生于瘿花序托内面的上半部，雄蕊3；雌花生于另一花序托内；聚花果梨形，熟时黑紫色；瘦果卵形，淡棕黄色；花期4~5月；果期6~10月。

066 异叶榕 *Ficus heteromorpha* Hemsl.

落叶灌木或小乔木，高达 8~15 m(灌木高 2~6 m)；树皮红褐或灰褐色；小枝光滑，或具锈色硬毛；嫩枝有白色乳汁；单叶互生，具柄，红色；叶片形状变化较大，阔披针形、长圆形、倒卵形或琴形等，长 6~20 cm，宽 3~8 cm，先端长渐尖至长尾尖，全缘，偶 3 裂，两面粗糙，有时疏生短刚毛；叶脉紫色，有基生三出脉；隐头花序腋生，无梗，球形，径 6~8 mm，花极小，生花托内，花被片 5，雄花有 3 雄蕊；隐花果球形或卵形，红色，光滑，顶端凸起，紫色或紫黑色；花期 4~5 月；果期 5~7 月。

067 柘树 *Cudrania tricuspidata*（Carr.）Bureau ex Lavall.

落叶灌木或小乔木，高达 8 m；树皮淡灰色，成不规则的薄片状剥落；幼枝有细毛，后脱落，有硬刺，刺长 5~30 mm；叶卵形或倒卵形，长 3~12 cm，宽 3~7 cm，顶端锐或渐尖，基部楔形或圆形，全缘或 3 裂，幼时两面有毛，老时仅背面沿主脉上有细毛；花排列成头状花序，单生或成对腋生；聚花果近球形，红色；花期 6 月；果期 9~10 月。

068 桑 *Morus alba* Linn.

落叶乔木，高达 15 m；树皮灰黄色或黄褐色；幼枝有毛；叶卵形或阔卵形，长 5~15 cm，宽 4~8 cm，顶端尖或钝，基部圆形或近心形，边缘有粗锯齿或多种分裂，表面无毛有光泽，背面绿色，脉上有疏毛，腋间有毛，叶柄长 1~2.5 cm；花单性异株，穗状花序；雄花花被片 4，雄蕊 4，中央有不育蕊；雌花花被片 4，无花柱或极短，柱头 2 裂，宿存；聚花果（桑葚），黑紫色或白色；花期 4~5 月；果期 6~7 月。

069 构树 *Broussonetia papyrifera*（Linn.）L' Her. ex Vent.

落叶乔木，高达 16 m；树冠圆形或倒卵形；树皮平滑，浅灰色，不易裂，全株含乳汁；单叶对生或轮生，叶阔卵形，长 8~20 cm，宽 6~15 cm，顶端锐尖，基部圆形或近心形，边缘有粗齿，3~5 深裂(幼枝上的叶更为明显)，两面有厚柔毛；叶柄长 3~5 cm，密生绒毛；托叶卵状长圆形，早落；椹果球形，橙红色；雌雄异株；雄花序下垂；雌花序有梗，有小苞片 4 枚，棒状，上部膨大圆锥形，有毛；子房包于萼管内，柱头细长有刺毛；聚花果球形，径 1.5~2.5 cm，成熟时橘红色，小瘦果扁球形；花期 5~6 月；果期 8~9 月。

14. 荨麻科 Urticaceae

070 水麻 *Debregeasia edulis*(Sieb. et Zcuu.)Wedd.

落叶灌木;叶互生,基部3出脉;托叶2裂;花单性同株或异株,先排成球形的团伞花序,再排成腋生聚伞花序;雄花被4裂,雄蕊4;退化雌蕊无毛或被绵毛,雌花有一卵状或壶形的花被;果实增大,肉质多浆,口部收缩;子房直立,花柱短或无,柱头头状;果实由许多瘦果结成一圆头状体;花期3~4月;果期5~7月。

15. 檀香科 Santalaceae

071 米面翁 *Buckleya lanceolata* Miq.

落叶灌木,高 1 m 左右;茎直立,多分枝;幼枝有棱或条纹;叶对生,薄膜质;近无柄,叶片卵形至卵状披针形,顶端尾状渐尖,全缘,基部楔形或狭楔形,中脉稍隆起,嫩时两面被疏毛,具羽状脉,侧脉不明显,5~12 对;花单性,雌雄异株;雄花序顶生或腋生,雄花小,浅黄棕色,花被 4~5 裂,裂片卵状长圆形,疏被柔软毛,雄蕊 4,内藏;雌花单生,花梗细长,花被漏斗形,裂片 4,三角状卵形或卵形;苞片 4,披针形,位于子房上端,与花被裂片互生;花柱黄色,子房下位,无毛;核果椭圆形,无毛;宿存苞片叶状,披针形或倒披针形,干膜质,有明显的羽状脉,果柄细长;花期 6 月;果期 9~10 月。

16. 领春木科 Eupteleaceae

072 领春木 *Euptelea pleiospermum* Hook. f. et Thoms.

落叶小乔木，高 5~10(~16) m，胸径可达 28 cm；树皮灰褐色或灰棕色，皮孔明显；小枝亮紫黑色；芽卵圆形，褐色；叶互生，卵形或椭圆形，长 5~14 cm，宽 3~9 cm，先端渐尖，基部楔形，边缘具疏锯齿，近基部全缘，无毛，侧脉 6~11 对，叶柄长 3~6 cm；花两性，先叶开放，6~12 朵簇生，无花被；雄蕊 6~14，花药红色，较花丝长，药隔顶端延长成附属物；心皮 6~12，离生，排成 1 轮，子房歪斜，有长子房柄；翅果不规则倒卵圆形，长 6~12 mm，先端圆，一侧凹缺，成熟时棕色，果梗长 7~10 mm；种子 1~3(~4)颗，卵圆形，紫黑色；花期 4~5 月；果期 7~8 月。

17. 连香树科 Cercidiphyllaceae

073 连香树 *Cercidiphyllum japonicum* Sieb. et Zucc.

落叶乔木，高达 20~40 m，胸径达 1 m；树皮灰色，纵裂，呈薄片剥落；小枝无毛，有长枝和距状短枝，短枝在长枝上对生；无顶芽，侧芽卵圆形，芽鳞 2；叶在长枝上对生，在短枝上单生，近圆形或宽卵形，长 4~7 cm，宽 3.5~6 cm，先端圆或锐尖，基部心形、圆形或宽楔形，边缘具圆钝锯齿，齿端具腺体，上面深绿色，下面粉绿色，具 5~7 条掌状脉；叶柄长 1~2.5 cm；花雌雄异株，先叶开放或与叶同放，腋生；每花有 1 苞片，花萼 4 裂，膜质，无花瓣；雄花常 4 朵簇生，近无梗，雄蕊 15~20，花丝纤细；花药红色，2 室，纵裂；雌花具梗，心皮 2~6，分离，胚珠多数，排成 2 列；蓇葖果 2~6，长 8~18 mm，直径 2~3 mm，微弯曲，熟时紫褐色，花柱宿存；种子卵圆形，顶端有长圆形透明翅；花期 4 月；果期 8 月。

18. 毛茛科 Ranunculaceae

074 牡丹 *Paeonia suffruticosa* Andr.

落叶灌木，株高 1~3 m，可达 2 m；老茎灰褐色，当年生枝黄褐色；二回三出羽状复叶，互生；花单生茎顶，花径 10~30 cm，花色有白、黄、粉、红、紫及复色，有单瓣、复瓣、重瓣和台阁性花；花萼有 5 片；花期 4~5 月；果期 6 月。

19. 木通科 Lardizabalaceae

075 猫儿屎 *Decaisnea fargesii* Franch.

落叶灌木，高 2~7 m；茎直立，坚实，分枝少；树皮灰褐色，枝黄绿色至灰绿色，稍被白粉；枝具明显的纵向棕褐色皮孔，髓部粗大，约占直径的一半；冬芽倒卵形，长 1~2 cm，外面有两枚平滑的鳞片；叶着生顶端，互生；奇数羽状复叶，长 60~70 cm；总叶柄长 20 cm，无托叶；小叶 13~25 处，倒卵形至卵状椭圆形，长 6~13 cm，宽 3~6 cm，先端渐尖或尾状渐尖，基部宽楔形或近圆形，偏斜，上面绿色，无毛，下面淡绿色，微被细柔毛，全缘，中脉在下面凸陷，在上面凹陷，侧脉 7~8 对；小叶柄长 1 cm，基部略带紫红色；圆锥花序顶生，杂性异株，萼片 6，两面三刀轮列，长 2~3 cm，淡绿或黄绿色，披针形，花瓣缺；雄花有雄蕊 6，合成单体，药隔角状突出，退化心皮残存；雌花具 6 个不育雄蕊，心皮 3，线状长圆形；蓇葖果，微弯曲，长 5~10 cm，幼时绿色或黄绿色，成熟后变蓝色，果皮肉质，具白粉，富含白瓤；种子 30~40 颗，扁平，长圆形，长约 1 cm，黑色，有光泽；花期 4~7 月；果期 7~10 月。

076 三叶木通 *Akebia trifoliata*(Thunb.)Koidz.

落叶木质藤本,长达 10 m;茎、枝无毛,灰褐色;三出复叶,小叶卵圆形,长宽变化很大,先端钝圆或具短尖,基部圆形,有时略呈心形,边缘浅裂或呈波状,叶柄细长,长 6~8 cm,小叶 3 片,革质,长 3~7 cm,宽 2~4 cm,上面略具光泽,下面粉灰色;春夏季开紫红色花,雌雄异花同

株;总状花序腋生,长约 8~10 cm,总梗细长;雌花紫红色,生于同一花序下部,有花 1~3 朵;雄花生于花序上部,淡紫色较小,约有 20 朵左右;果成熟于秋季,果实肉质,浆果状,长圆筒形,长约 8 cm,直径 4 cm 左右,紫红色,果皮厚,果肉多汁,7~9 月成熟后沿腹缝线开裂,故称八月炸或八月瓜,味甜可食;种子多数,呈椭圆形,棕色,长约 7 mm,中药俗称预知子;花期 4~5 月;果期7~8 月。

20. 大血藤科 Sargentodoxaceae

077 大血藤 *Sargentodoxa cuneata* Rehd. et Wils.

落叶藤本;茎褐色,圆形,有条纹;三出复叶互生,叶柄长,上面有槽,中间小叶菱状卵形,长 7~12 cm,宽 3~7 cm,先端尖,基部楔形,全缘,有柄,两侧小叶较大,基部两侧不对称,几无柄;花单性,雌雄异株;总状花序腋生,下垂;雄花黄色,萼片 6,菱状圆形,雄蕊 6,花丝极短;雌花萼片、花瓣同雄花,有不育雌蕊 6,子房下位,1 室,胚珠 1;浆果卵圆形;种子卵形,黑色,有光泽;花期 3~5 月;果期 8~10 月。

21. 小檗科 Berberidaceae

078 南天竹 *Nandina domestica* Thunb.

绿灌木，高约 2 m；茎直立，少分枝，幼枝常为红色；叶互生，2~3 回奇数羽状复叶，常集于叶鞘；小叶 3~5 片，椭圆披针形，长 3~10 cm；夏季开白色花，大形圆锥花序顶生；浆果球形，熟时鲜红色，偶有黄色，宿存至次年 2 月，直径 0.6~0.7 cm，含种子 2 粒，种子扁圆形；花期 5~6 月；果期 10~11 月。

079 阔叶十大功劳 *Mahonia bealei* (Fort.) Carr.

常绿灌木,高达 4 m;根、茎断面黄色、味苦;羽状复叶互生,长 30~40 cm,叶柄基部扁宽抱茎;小叶 7~15,厚革质,广卵形至卵状椭圆形,长 3~14 cm,宽 2~8 cm,先端渐尖成刺齿,边缘反卷,每侧有 2~7 枚大刺齿;总状花序粗壮,丛生于枝顶;苞片小,密生;萼片 9,3 轮,花瓣 6,淡黄色,先端 2 浅裂,近基部内面有 2 密腺;雄蕊 6;子房上位,1 室;浆果卵圆形,熟时蓝黑色,有白粉;花期 7~10 月;果期 10~11 月。

080 小檗 *Berberis thunbergii* DC. Rupr.

落叶灌木；木材和内皮黄色；枝有刺，刺为一种变态叶所变成；叶为单叶，叶片与叶柄接连处有节；花黄色，单生或丛生或为下垂的总状花序；萼片 6，下有小苞片 2~3；花瓣 6，基部常有腺体 2；雄蕊 6，敏感，触之则向上弹出花粉；果为浆果，有种子 1 至数颗；花期 4~6 月；果期 7~10 月。

22. 防己科 Menispermaceae

081 木防己 *Cocculus orbiculatus*（L.）DC.

落叶木质藤本；幼枝密生柔毛；叶形状多变，卵形或卵状长圆形，长 3~10 cm，宽 2~8 cm，全缘或微波状，有时 3 裂，基部圆形或近截形，顶端渐尖、钝或微缺，有小短尖头，两面均有柔毛；聚伞状圆锥花序顶生；花淡黄色，花轴有毛；雄花有雄蕊 6，分离；雌花有退化雄蕊 6，心皮 6，离生；核果近球形，两侧扁，蓝黑色，有白粉；花期 5~8 月；果期 8~10 月。

23. 木兰科 Magnoliaceae

082 玉兰 *Magnolia denudata* Desr.

落叶乔木，高达 25 m，胸径 1 m，枝广展形成宽阔的树冠；树皮深灰色，粗糙开裂；小枝稍粗壮，灰褐色；冬芽及花梗密被淡灰黄色长绢毛；叶纸质，先端宽圆、平截或稍凹，具短突尖，中部以下渐狭成楔形，叶柄被柔毛，上面具狭纵沟；托叶痕为叶柄长的 1/4~1/3；花蕾卵圆形，花先叶开放，直立，芳香，直径 10~16 cm；花梗显著膨大，密被淡黄色长绢毛；花被片 9 片，白色，基部常带粉红色，长圆状倒卵形；雄蕊长 7~12 mm，花药长 6~7 mm，侧向开裂；药隔宽约 5 mm，顶端伸出成短尖头；雌蕊群淡绿色，无毛，圆柱形，；雌蕊狭卵形，具长4 mm 的锥尖花柱；聚合果圆柱形；蓇葖厚木质，褐色，具白色皮孔；种子心形，侧扁，外种皮红色，内种皮黑色；花期 2~3 月（亦常于 7~9 月再开一次花）；果期 8~9 月。

083 二乔玉兰 *Magnolia soulangeana* Soul. -Bod.

落叶小乔木，高 6~10 m；叶纸质，倒卵形，长 6~15 cm，先端短急尖，基部楔形，上面基部中脉常残留有毛，下面多少被柔毛，侧脉每边 7~9 对；花蕾卵圆形，花先叶开放，浅红色至深红色，花被片 6~9，外轮 3 片，花被片常较短约为内轮长的 2/3；聚合蓇葖果，卵圆形或倒卵圆形；花期 2~3 月；果期 9~10 月。

084 广玉兰 *Magnolia grandiflora* Linn.

常绿乔木，树冠阔圆锥形；芽及小枝有锈色柔毛；叶倒卵状长椭圆形，革质，叶背有铁锈色短柔毛，有时具灰毛；花大白色，清香，直径20~30 cm，花通常6瓣，花大如荷，萼片花瓣状，3枚；花丝紫色；种子外皮红色；花期5~7月；果期9~10月。

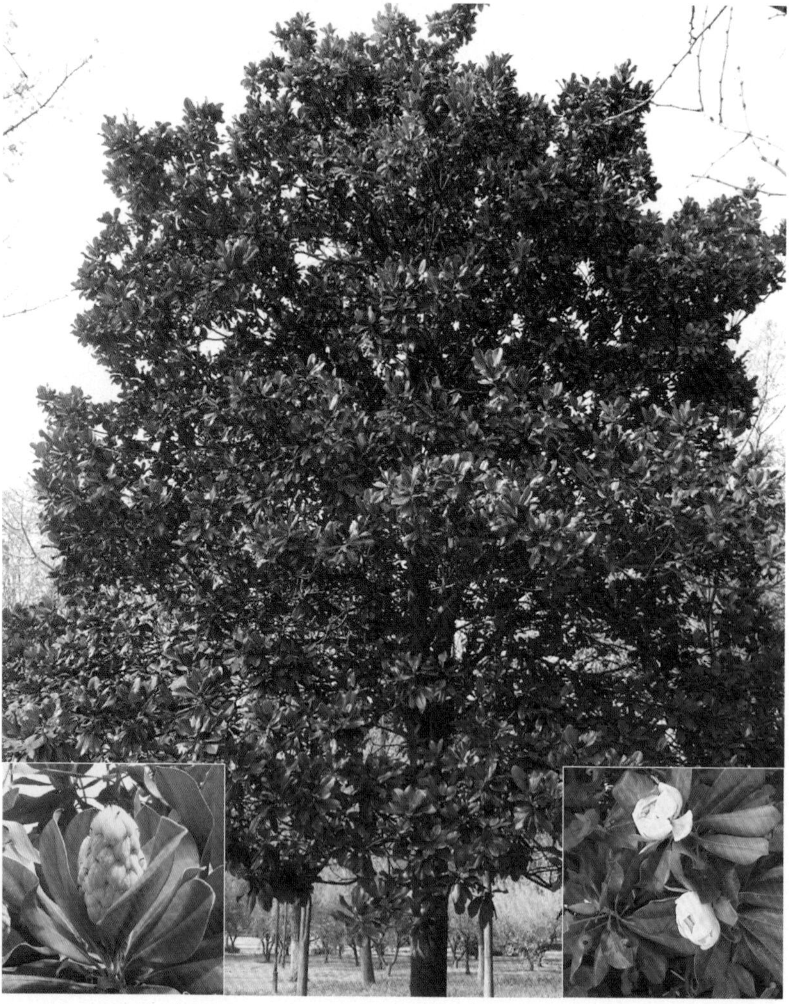

085 厚朴 *Magnolia officinalis* Rehd. et Wils.

落叶乔木，高 20 m，胸径达 35 cm；树皮厚，紫褐色，有辛辣味；幼枝淡黄色，有细毛，后变无毛；顶芽大，窄卵状圆锥形，长 4~5 cm，密被淡黄褐色绢状毛；叶革质，倒卵形或倒卵状椭圆形，长 20~45 cm，上面绿色，下面有白霜，幼时密被灰色毛；侧脉 20~30 对；叶柄长 2.5~4.5 cm；花与叶同时开放，单生枝顶，白色，芳香，直径 15~20 cm；花被片 9~12(~17)，厚肉质；雄蕊多数，花丝红色；心皮多数；聚合果长椭圆状卵圆形或圆柱状，长 10~12(~16) cm；种子倒卵圆形，有鲜红色外种皮；花期 5~6 月；果期 8~10 月。

086 紫玉兰 *Magnolia liliflora* Desr.

落叶大灌木，高达 3~5 m；芽有灰褐色细毛；小枝紫褐色；叶倒卵形或椭圆状卵形，长 10~18 cm，宽 4~10 cm，顶端急尖或渐尖，基部楔形，背面沿脉有柔毛；花先叶开放或很少与叶同时开放，大型，钟状；花萼片 3，披针形，淡紫褐色，长 2~3 cm；花瓣 6，长圆状倒卵形，长 8~10 cm，外面紫色或紫红色，内面白色；花丝和心皮紫红色；花柱 1，顶端尖，微弯；聚合果长圆形，长 7~10 cm，淡褐色；花期 4~5 月；果期 8~9 月。

087 鹅掌楸 *Liriodendron chinense* Sarg.

落叶乔木，树高达 40 m；叶互生，长 4~18 cm，每边常有 2 裂片，背面粉白色，叶柄长 4~8 cm；叶形如马褂——叶片的顶部平截，犹如马褂的下摆；叶片的两侧平滑或略微弯曲，好像马褂的两腰；叶片的两侧端向外突出，仿佛是马褂伸出的两只袖子，故鹅掌楸又叫马褂木。花单生枝顶，花被片 9 枚，外轮 3 片萼状，绿色，内二轮花瓣状黄绿色，基部有黄色条纹，形似郁金香；雄蕊多数，雌蕊多数；聚合果纺锤形，长 6~8 cm，直径 1.5~2 cm；小坚果有翅，连翅长 2.5~3.5 cm；花期 5~6 月；果期 9~10 月。

24. 五味子科 Schisandraceae

088 华中五味子 *Schisandra sphenanthera* Rehd. et Wils.

落叶木质藤本；枝细长，红褐色，有皮孔；叶椭圆形、倒卵形或卵状披针形，长 5~11 cm，宽 3~7 cm，先端短尖，基部楔形或近圆形，边缘有疏锯齿；花单性，异株，单生或 1~2 朵生于叶腋，橙黄色；花梗纤细，长 2~4 cm；花被片 5~9；雄蕊 10~15，雄蕊柱倒卵形；雌蕊群近球形，心皮 30~50；聚合果长 6~9 cm；浆果近球形，长 6~9 mm，红色，肉质；花期 5~7 月；果期 8~10 月。

25. 八角科 Illiciaceae

089 红茴香 *Illicium henryi* Diels.

常绿灌木，树高可达 7 m；树皮灰白色；叶片革质，长披针形、倒披针形或倒卵状椭圆形，稍有些内卷，叶面深绿色、有光泽，背面淡绿色；花 1~3 朵聚生叶腋或枝顶；花瓣呈覆瓦状排列，深红色；聚合果成星状，红色，蓇葖先端长尖；花期 4~5 月；果期 9~10 月。

26. 蜡梅科 Calycanthaceae

090 蜡梅 *Chimonanthus praecox*（Linn.）Link

落叶灌木，高 2~4 m；枝、茎方形，棕红色，有椭圆形突出的皮孔；单叶对生，叶片椭圆状卵形或卵状披针形，先端渐尖，基部圆形或楔形，长 7~15 cm，全缘，表面粗糙；两性花，单生于 1 年生枝叶腋，花梗极短，被黄色，带蜡质，具芳香；花先叶开放，芳香，直径约 2.5 cm；花被多片，蜡质，半透明；花托椭圆形，长约 4 cm，果时半木质化，呈蒴果状，宿存，外被绢丝状毛，内含数个瘦果，每果一枚种子；花期 12 月至次年 2 月；果期次年 6~9 月。

27. 水青树科 Tetracentraceae

091 水青树 *Tetracentron sinense* Oliv.

落叶乔木,植株高可达 40 m;树皮淡褐色或赤褐色,光滑;长枝细长,短枝距状,有叠生环状的芽鳞痕和叶痕;叶互生,纸质,心形,卵形至宽卵形或卵状椭圆形,长 7~15 cm,先端渐尖或尾状渐尖,或心形,边缘有密生具腺锯齿,基出脉 5~7 条;叶柄基部增粗与托叶合生,包围幼芽;穗状花序生于短枝顶,下垂;花小,无梗,4 朵成一簇,互生于花序轴上;花被片 4 片,淡黄色;雄蕊与花被片对生;蓇果褐色,室背开裂;种子条形;花期 6~7 月;果期 9~10 月。

28. 樟科 Lauraceae

092 黑壳楠 *Lindera megaphylla* Hemsl

常绿乔木，树皮灰黑色；枝条圆柱形，紫黑色；顶芽大，卵形，芽鳞外面被白色微柔毛；叶互生，倒披针形至倒卵状长圆形，革质，上面深绿色，有光泽，下面淡绿苍白色，两面无毛；伞形花序多花，通常着生于叶腋；果椭圆形至卵形，长约 1.8 cm，宽约 1.3 cm，成熟时紫黑色；宿存果托杯状；花期 2~4 月；果期 9~12 月。

093 香樟 *Cinnamomum camphora*（L.）presl

常绿大乔木，树冠广卵形；枝、叶及木材均有樟脑气味；树皮黄褐色；叶互生，卵状椭圆形，具离基三出脉，有时过渡到基部具不显的5脉，中脉两面明显；圆锥花序腋生，花绿白或带黄色，花被长约1 mm；果卵球形或近球形，直径6~8 mm，紫黑色，果托杯状；花期4~5月；果期8~11月。

094 檫木 *Sassafras tzumu*（Hemsl.）Hemsl.

落叶乔木，高达 35 m；树皮黄绿色有光泽，老后变成灰色，有纵裂；叶于枝端互生，卵形或倒卵形，长 10~20 cm，宽 5~12 cm，全缘或 1~3 浅裂，具羽状脉或 3 出脉；短圆锥花序顶生，先于叶发出；花两性，或功能上的雌雄异株；花被片 6，披针形，长 3.5 mm；能育雄蕊 9，花药 4 室，均内向瓣裂，不育雄蕊 3，与第三轮雄蕊互生；子房卵形，花柱长；果近球形，直径约 9 mm，蓝黑色而带有白蜡状粉末，生于杯状果托上；果梗长，上端渐增粗，果托和果梗红色；花期 3~4 月；果期 5~9 月。

095 木姜子 *Litsea pungens* Hemsl.

落叶小乔木，高 3~7 m；叶簇聚于枝端，纸质，披针形或倒披针形，长 5~10 cm，初有绢丝状短柔毛，后渐变为平滑，叶柄有毛；花单性，雌雄异株；伞形花序，由 8~12 朵花组成，具短梗；花先于叶开放；总苞片表面有毛，早落；花黄色，花梗细小，长 1~1.5 cm，有绢丝状粗毛；花被 6，倒卵形；花药 4 室，瓣裂，全内向，花丝仅于基部有细毛；雌花较大，有粗毛；核果球形，蓝黑色，直径约 7~10 mm；果梗上部稍肥大；花期 3~4 月；果期 8~9 月。

096 三桠乌药 *Lindera obtusiloba* Bl.

落叶乔木或灌木，高 3~10 m；树皮黑棕色；小枝黄绿色、平滑；叶互生，近圆形或扁圆形，长 5.5~10 cm，先端急尖，全缘或三裂，基部近圆形或心形，有时为宽楔形，上面深绿色，下面苍白色，有时带红色，三出脉，偶有五出脉，网脉明显；叶柄被黄白色柔毛；伞形花序无总梗，内有花 5 朵；总苞片 4，膜质，外面被长柔毛；果阔椭圆形，长 0.8 cm，直径 0.5~0.6 cm，成熟时初为红色后变紫黑色，干时黑褐色；花期 3~4 月；果期 8~9 月。

097 山胡椒 *Lindera glauca*(Sieb. et Zucc.) Bl.

落叶灌木或小乔木,高达 8 m;树皮灰白色、平滑;小枝初有黄褐色毛,后脱落;芽鳞片红褐色;单叶互生,叶薄革质,多为长椭圆形至倒卵状椭圆形,长 3.5~10 cm,宽 2~4 cm,背面苍白色,密生细柔毛;叶全缘,羽状脉,叶片枯后留存树上,来年新叶发出时始落;雌雄异株;腋生伞形花序,有短花序梗,花 2~4 朵成单生、黄色,花被片 6,花梗长约 1.2 cm,密被白柔毛;浆果球形,熟时黑色或紫黑色;果柄有毛,长 0.8~1.8 cm;花期 4 月;果熟 9~10 月。

29. 虎耳草科 Saxifragaceae

098 山梅花 *Philadelphus incanus* Koehne.

落叶灌木，植株高达 3~5 m；树皮褐色，薄片状剥落；小枝幼时密生柔毛，后渐脱落；叶卵形至卵状长椭圆形，长 3~10 cm 不等，缘具细尖齿，表面疏生短毛，背面密生柔毛，脉上毛尤多；花白色，径 2.5~3.0 cm，无香味，萼外有柔毛，花柱无毛，5~11 朵成总状花序；花期 5~7 月；果期 8~9 月。

099 异色溲疏 *Deutzia discolor* Hemsl.

落叶灌木，高 1~3 m；小枝疏生星状毛；叶对生，有短柄；叶片卵状矩圆形或披针形，长 2.5~9.5 cm，宽 1~3 cm，基部宽楔形或楔形，先端渐尖或急尖，边缘有小锯齿，上面疏生星状毛（具 4~5 条辐射线），下面白色，密生紧贴的星状毛（有 7~12 条辐射线）；花序伞房状；萼筒密生星状毛，长 2.5~3 mm，裂片 5，披针形，长 3~5 mm；花瓣 5，白色，狭倒卵形，长 0.9~1.2 cm；雄蕊 10，所有花丝上部都有 2 长齿；子房下位，花柱 3~4；蒴果近球形，直径 5~6 mm；花期 6~7 月；果期 8~10 月。

100 东陵绣球 *Hydrangea bretschneideri* Dipp.

落叶灌木，高 3 m；树皮通常片状剥落，老枝红褐色；叶对生，卵形或椭圆状卵形，长 5~15 cm，宽 2~5 cm，先端渐尖，边缘有锯齿，叶面深绿色，无毛或脉上疏柔毛，背面密生灰色柔毛，叶柄长 1~3 cm，被柔毛；伞房状聚伞花序、顶生，径 10~15 cm，边缘着不育花、初白色、后变淡紫色，中间有浅黄色的可孕花；蒴果近圆形，径约 3 mm，种子两端有翅；花期 6~7 月；果期 9~12 月。

101 冰川茶藨 *Ribes glaciale* Wall.

落叶灌木，高达 2 m；幼枝红色或紫红色，树皮不剥落；叶圆形或卵形，长达 6 cm，宽 2~4.5 cm，基部心脏形或截形，3~5 裂，中间裂片最长，先端尖或短锐尖，边缘具重锯齿，表面具疏腺毛，背面无毛，叶柄长 1~2 cm，无毛或具腺毛；花雌雄异株；雄花序总状；雌花序有花 3~6 朵；浆果近球形或倒卵形，光滑，鲜红色；花期 4~5 月；果期 7~8 月。

30. 铁青树科 Olacaceae

102 青皮木 *Schoepfia jasminodora* Sieb. et Zucc.

落叶小乔木，高 2~6 m；树皮暗灰褐色；多分枝，小枝干后黑褐色，具白色皮孔；叶互生，叶柄红色，长 3~6 mm，叶片纸质或坚纸质，长椭圆形、椭圆形或卵状披针形，长 5~9 cm，宽 2~4.5 cm，先端渐尖、锐尖或钝尖，有时略呈尾状，上面绿色，下面淡绿色；叶脉红色，侧脉 3~5 对，两面均明显；花无梗，2~4 朵排成短穗状或近似头状花序式的螺旋状聚伞花序，有时花单生，总花梗长 0.5~1 cm，果时可增长至 1~2 cm；花萼筒大部与子房合生，上端有 4~5 枚小萼齿；花冠管状，黄白色或淡红色，具 4~5 枚小萼齿，略外卷；雄蕊着生于花冠管上，花冠内部着生雄蕊处的下部各有 1 束短毛；坚果椭圆形或长圆形，成熟时几全部为增大成壶状的花萼筒所包围，花萼筒外部红色或紫红色，基部为略膨大的“基座”所承托，基座边缘具 1 枚小裂齿；花叶同放；花期 2~4 月；果期 4~6 月。

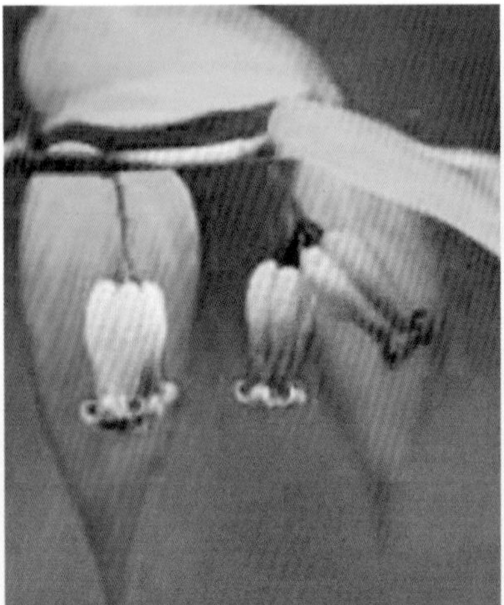

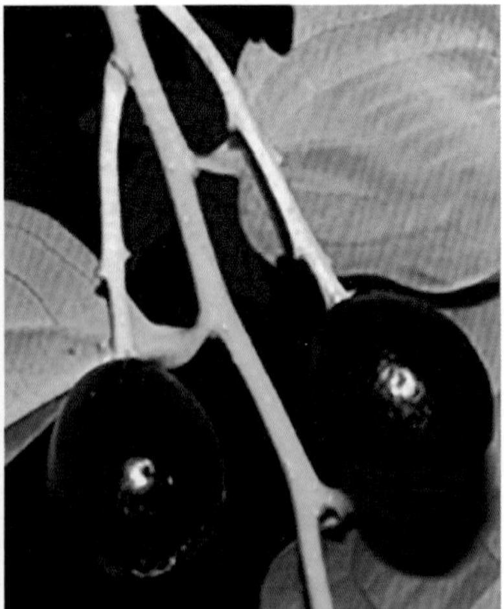

31. 海桐花科 Pittosporaceae

103 海桐 *Pittosporum tobira*（Thunb.）Ait.

常绿灌木或小乔木，高达 3 m；枝叶密生，树冠圆球形；叶多数聚生枝顶，单叶互生，有时在枝顶呈轮生状，厚革质狭倒卵形，长 5~12 cm，宽 1~4 cm，全缘，顶端钝圆或内凹，基部楔形，边缘常略外反卷，有柄，表面亮绿色，新叶黄嫩；聚伞花序顶生，花白色或带黄绿色，芳香，花柄长 0.8~1.5 cm；萼片、花瓣、雄蕊各 5；子房上位，密生短柔毛；蒴果近球形，有棱角，长达 1.5 cm，初为绿色，后变黄色，成熟时 3 瓣裂，果瓣木质；种子鲜红色，有黏液；花期 5 月；果期 9~10 月。

32. 金缕梅科 Hamamelidaceae

104 枫香 *Liquidambar formosana* Hance

落叶乔木，高可达 40 m，胸径 1.5 m；树冠广卵形或略扁平；树皮灰色，浅纵裂，老时不规则深裂；叶常为掌状 3 裂(萌芽枝的叶常为 5~7 裂)，长 6~12 cm，基部心形或截形，裂片先端尖，缘有锯齿；幼叶有毛，后渐脱落；果序较大，径 3~4 cm，宿存花柱长达 1.5 cm；刺状萼片宿存；花期 3~4 月；果期 10 月。

105 山白树 *Sinowilsonia henryi* Hemsl.

落叶小乔木或灌木，高可达 10 m；嫩枝被灰黄色星状绒毛；叶互生，纸质或膜质，倒卵形，稀椭圆形，长 10~18 cm，宽 5~11 cm，先端锐尖，基部圆形或浅心形，稍偏斜，边缘密生小突齿，上面绿色，脉上具稀疏星状绒毛，下面黄绿色，密被星状绒毛，侧脉 7~9 对，叶柄长 5~18 mm；花单性，稀两性，雌雄同株，无花瓣；雄花排列总状花序，长 41 cm，下垂，萼极短，萼齿匙形，雄蕊 5，花丝极短，花药 2 室；雌花排成穗状花序，长 6~8 cm，花序梗长 3 cm，与花序轴均被星状绒毛，萼筒壶形长约 3 mm，萼齿长约 1.5 mm，均被星状毛，退化雄蕊 5，子房上位，有星状毛，2 室，每室具 1 垂生胚珠；果序长 10~20 cm；蒴果无柄，木质卵圆形先端尖，长约 1 cm，被灰黄色长丝毛，宿存萼筒长 45 mm，被褐色星状绒毛；种子长椭圆形，长约 8 mm，黑色，有光泽，种脐灰白色。

33. 杜仲科 Eucommiaceae

106 杜仲 *Eucommia ulmoides* Oliv.

落叶乔木，高达 20 m；小枝光滑，黄褐色或较淡，具片状髓，皮、枝及叶均含胶质；单叶互生，椭圆形或卵形，长 7~15 cm，宽 3.5~6.5 cm，先端渐尖，基部广楔形，边缘有锯齿，幼叶上面疏被柔毛，下面毛较密，老叶上面光滑，下面叶脉处疏被毛，叶柄长 1~2 cm；花单性，雌雄异株，与叶同时开放，或先叶开放，生于 1 年生枝基部苞片的腋内，有花柄，无花被；雄花有雄蕊 6~10 枚；雌花有一裸露而延长的子房，子房 1 室，顶端有 2 叉状花柱；翅果卵状长椭圆形而扁，先端下凹，内有种子 1 粒；花期 4~5 月；果期 9 月。

34. 悬铃木科 Platanaceae

107 法桐 *Platanus orientalis* L.

落叶乔木，高 20~30 m，树冠阔钟形；干皮灰褐色至灰白色，呈薄片状剥落；幼枝、幼叶密生褐色星状毛；叶掌状 5~7 裂，深裂达中部，裂片长大于宽，叶基阔楔形或截形，叶缘有齿牙，掌状脉，托叶圆领状；花序头状，黄绿色；多数坚果聚合成球形，3~6 球成一串，宿存花柱长，呈刺毛状，果柄长而下垂；花期 4~5 月；果期 9~10 月。

35. 蔷薇科 Rosaceae

108 南梨(中华绣线梅) *Neillia sinensis* Oliv.

落叶灌木，高达 2 m；小枝圆柱形，无毛，幼时紫褐色，老时暗灰褐色；冬芽卵形，先端钝，微被短柔毛或近于无毛，红褐色；单叶互生；叶片卵形至卵状长椭圆形，长 5~11 cm，宽 3~6 cm，先端长渐尖，基部圆形或近心形，稀宽楔形，边缘有重锯齿，常不规则分裂，两面无毛或在下面脉腋有柔毛；叶柄长 7~15 cm，微被毛或近于无毛，托叶线状披针形或卵状披针形，先端渐尖或急尖，全缘，长 0.8~1 cm，早落；花两性；顶生总状花序，长 4~9 cm，花梗长 3~10 mm，无毛，花直径 6~8 mm；萼筒钟状，长 1~1.2 cm，外面无毛，内面被短柔毛；萼片 5，三角形，先端尾尖，全缘，长 3~4 mm；花瓣 5，倒卵形，长约 3 mm，宽约 2 mm，先端圆钝，淡粉红色；雄蕊 10~15，花丝不等长，生于萼筒边缘，排成不规则的 2 轮；心皮 1~2，子房先端有毛，花柱直立；蓇葖果长椭圆形，萼筒宿存，外被疏生长腺毛；花期 5~6 月；果期 8~9 月。

109 华北绣线菊 *Spiraea fritschiana* Schneid.

落叶直立灌木,高可达 2 m;小枝有明显棱角;叶柄长 2~5 mm,幼时被短柔毛;叶片卵形,椭圆状卵形或长圆状卵形,长 3~8 cm,宽 1.5~3.5 cm,先端急尖或渐尖,基部广楔形、圆形、近截形或浅心形,边缘有不整齐重锯齿或单锯齿,表面深绿色,无毛,背面浅绿色;复伞房花序顶生于当年生直立新枝上,花多数;苞片披针形或线形;花直径5~6 mm;萼筒钟状,内面密被短柔毛,萼裂片三角形;花瓣卵形,长 2~3 mm,宽 2~2.5 mm,先端圆钝,白色,花蕾期呈粉红色;雄蕊 25~30,长于花瓣;蓇葖果几乎直立,开展,常具反折萼片;花期 6 月;果期 7~8 月。

110 麻叶绣线菊 *Spiraea cantoniensis* Lour.

落叶灌木，高达 1.5 m；小枝细长，圆柱形，呈拱形弯曲，无毛；冬芽小，卵形，有数枚外露鳞片；叶片菱状披针形至菱状长圆形，长 3~5 cm，先端急尖，基部楔形，有缺刻状锯齿，上面深绿色，下面灰蓝色；叶柄长 4~7 mm；伞房花序具多数花朵；花瓣近圆形或倒卵形，白色；花梗长 8~14 mm；苞片线形；花直径 5~7 mm；萼筒钟状，萼片三角形；雄蕊 20~28；子房近无毛，花柱短于雄蕊；蓇葖果直立开张；花期 4~5 月；果期 7~9 月。

111 华北珍珠梅 *Sorbaria kirilowii* (Regel) Maxim.

落叶灌木,高达 3 m;枝条开展;冬芽卵形,红褐色;羽状复叶,具有小叶片 13~21;小叶片对生,边缘有尖锐重锯齿,羽状网脉,下面显著,小叶柄短或近于无柄,无毛;托叶膜质,线状披针形,全缘或顶端稍有锯齿,无毛或近于无毛;顶生大型密集的圆锥花序,分枝斜出或稍直立;花瓣倒卵形或宽卵形,白色;雄蕊 20;心皮 5;花柱稍短于雄蕊;蓇葖果长圆柱形,无毛,长约 3 mm,花柱稍侧生,向外弯曲;萼片宿存,反折,稀开展;果梗直立;花期 6~7 月;果期 9~10 月。

112 麻核栒子 *Cotoneaster foveolatus* Rehd. et Wils.

落叶灌木，高达 3 m；枝条开张，小枝圆柱形，暗红褐色，嫩时密被黄色糙伏毛，成长后脱落无毛；叶片椭圆形、椭圆卵形或椭圆倒卵形，长 3.5~8（~10）cm，宽 1.5~3（~4.5）cm，先端渐尖或急尖，基部宽楔形或近圆形，全缘，上面被稀疏短柔毛，老时脱落，叶脉微下陷，下面被短柔毛，在叶脉上毛较多；叶柄长 2~4 mm，常具短柔毛；托叶线形，具柔毛，部分宿存；聚伞花序有花 3~7 朵，总花梗和花梗被柔毛；苞片线形，有柔毛；花梗长 3~4 mm；花直径约 7 mm；萼筒钟状，外面密被柔毛，内面无毛；萼片三角形，先端急尖，外面疏生柔毛，内面仅沿边缘具柔毛；花瓣直立，倒卵形或近圆形，长约 4 mm，宽 3 mm，先端圆钝，粉红色；雄蕊 15~17，短于花瓣；花柱通常 3（2~5），甚短，离生，子房顶部密生柔毛；果实近球形，直径 8~9 mm，黑色；小核 3~4 个，背部有槽和浅凹点；花期 6 月；果期 9~10 月。

113 火棘 *Pyracantha fortuneana* (Maxim.) Li.

常绿灌木；侧枝短刺状；叶倒卵形，长 1.6~6 cm；复伞房花序，有花 10~22 朵，花直径 1 cm，白色；果近球形，直径 8~10 mm，成穗状，每穗有果 10~20 余个，橘红色至深红色；9 月底开始变红，一直可保持到春节；花期 3~4 月；果期 8~11 月。

114 山楂 *Crataegus pinnatifida* Bge.

落叶小乔木；枝密生，有细刺，幼枝有柔毛；小枝紫褐色，老枝灰褐色；叶片三角状卵形至菱状卵形，长 2~6 cm，宽 0.8~2.5 cm，基部截形或宽楔形，两侧各有 3~5 羽状深裂片，基部 1 对裂片分裂较深，边缘有不规则锐锯齿；复伞房花序，花序梗、花柄都有长柔毛；花白色，直径约 1.5 cm；萼筒外有长柔毛，萼片内外两面无毛或内面顶端有毛；梨果深红色，近球形，果实较小，类球形，直径 0.8~1.4 cm，有的压成饼状，表面棕色至棕红色，并有细密皱纹，顶端凹陷，有花萼残迹，基部有果梗或已脱落，质硬，果肉薄，味微酸涩；花期 5~6 月；果期 9~10 月。

115 石楠(扇骨木、千年红) *Photinia serrulata* Lindl.

常绿灌木或小乔木；叶互生，具短柄，常有锯齿，有托叶；花排成顶生伞形、伞房或复伞房花序；萼管钟状，裂片 5，宿存；花瓣 5；雄蕊约 20；子房下位，2~4 室，每室有胚珠 1 颗；果为浆果，有种子 1~4 颗；花期 4~5 月；果期 10 月。

116 中华石楠 *Photinia beauverdiana* Schneid.

落叶灌木或小乔木，高 3~10 m；小枝紫褐色，无毛；叶互生，叶柄长 5~10 mm，微有柔毛，叶片薄纸质，长圆形、倒卵状长圆形或卵状披针形，长 5~10 cm，宽 2~4.5 cm，边缘有疏生具腺锯齿，上面光亮，无毛，下面沿中脉有疏生柔毛；花两性，复伞房花序，直径 5~7 cm；总花梗和花梗无；萼片 5，三角状卵形；花瓣 5，卵形或倒卵形；雄蕊 20；花柱 2~3，基部合生；梨果卵形，直径 5~6 mm，紫红色，微有疣点，有宿存萼片；果梗长 1~2 cm；花期 5 月；果期 7~8 月。

117 湖北花楸 *Sorbus hupehensis* Schneid.

落叶乔木，高达 10 m；小枝圆柱形，具少数皮孔，幼时被稀疏白色绒毛，不久即脱落，老时灰褐色至暗褐色；冬芽长卵形，先端急尖，具红褐色鳞片，无毛；羽状复叶具小叶 9~17 个，连叶柄长 11~16 cm，小叶片 4~8 对，间距长 0.5~1.5(~2) cm，小叶片长圆状椭圆形至长圆状披针形，长 3~5 cm，宽 1~1.8 cm，先端急渐或渐尖，近基部三分之一或一半几全缘，边缘每侧各有 10~18 个尖锐锯齿，表面无毛，背面沿中脉具白色绒毛，后期逐渐脱落，侧脉 7~16 对，在叶边弯曲，叶柄长 1.5~3.5 cm，与叶轴在初期均被绒毛，后期逐渐脱落；托叶膜质，线状披针形，早落；复伞房花序具多数花；花梗长 3~5 mm，与总梗均无毛或被稀疏柔毛；花瓣圆卵形，长 3~4 mm，白色；雄蕊 20 枚，比花瓣短；花柱 4~5 个，与雄蕊等长，基部具稀疏柔毛或无毛；果实球形，淡黄色，微带红色，直径 5~8 mm，宿萼闭合；花期 5~6 月；果期 9~10 月。

118 枇杷 *Eriobotrya japonica*（Thunb.）Lindl.

常绿小乔木；树皮灰褐色粗糙；小枝、叶背及花序均密被锈色绒毛；叶粗大革质，常为倒披针状椭圆形；花白色，芳香；次年初夏果熟，果近球形或梨形，黄色或橙黄色；花期 10~12 月；果期 5~6 月。

119 木瓜 *Chaenomeles sinensis* (Thouni) Koehne.

落叶灌木或小乔木，高达 5~10 m，树皮成片状脱落；小枝无刺，圆柱形；冬芽半圆形，先端圆钝，无毛，紫褐色；叶片椭圆卵形或椭圆长圆形，稀倒卵形，先端急尖，基部宽楔形或圆形，边缘有刺芒状尖锐锯齿，齿尖有腺；托叶膜质，卵状披针形，先端渐尖，边缘具腺齿；花单生于叶腋，花梗短粗，无毛；萼筒钟状外面无毛；花瓣倒卵形，淡粉红色；雄蕊多数，长不及花瓣之半；花柱 3~5，基部合生，被柔毛，柱头头状，有不显明分裂，约与雄蕊等长或稍长；果实长椭圆形，暗黄色，木质，味芳香，果梗短；花期 4 月；果期 9~10 月。

120 杜梨 *Pyrus betulaefolia* Bge.

落叶乔木，株高 10 m，枝具刺；叶菱状卵形至长圆形，长 4~8 cm，宽 2.5~3.5 cm，叶柄长 2~3 cm；伞形总状花序，有花 10~15 朵，花瓣白色，花柱 2~3；果实近球形，直径 5~10 mm，褐色；花期 4 月；果期 8~9 月。

121 山荆子 *Malus baccata*（L.）Borkh.

落叶乔木；树干灰褐色，光滑，不易开裂；新梢黄褐色，无毛，嫩梢绿色微带红褐，叶片椭圆形，先端渐尖，基部楔形，叶缘锯齿细锐；花白色，花柱 5 或 4，基部有长柔毛；果实近球形，直径 0.8~1 cm，红或黄色，脱萼，萼洼有圆形锈斑，果柄长为果实的 3~4 倍；出种率 4.4%；种子小，千粒重 6.7 g，每千克 14~15 万粒；花期 4~6 月；果期 9~10月。

122 苹果 *Malus pumila* Mill.

落叶乔木,树高可达 15 m,栽培条件下一般高 3~5 m 左右;树干灰褐色,老皮有不规则的纵裂或片状剥落,小枝光滑;单叶互生,椭圆至卵圆形,叶缘有锯齿;伞房花序,花瓣白色,含苞时带粉红色,雄蕊 20 枚,花柱 5 枚;果实为仁果,颜色及大小因品种而异;花期 5 月;果期 7~10 月。

123 唐棣 *Amelanchier sinica* (Schneid.) Chun

落叶灌木或小乔木，高达 8 m；单叶互生，叶卵形至长椭圆形，长 5.0~7.0 cm，宽 4.5~6.0 cm，背有白粉，秋天叶片黄金色或绿色带金黄色斑点；顶生总状花序，具数朵花，花瓣白色或粉红色；果实为梨果状浆果，球形或近扁球形，成熟时为紫黑色、蓝黑色，或白色，每个果实含 3~5 粒种子，果实直径 1.0~1.5 cm，种子镰状弯曲，黑褐色；花期 4~5 月；果期 6~7 月。

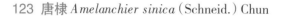

124 锐齿臭樱 *Maddenia incisoserrata* Yu et Ku

落叶灌木，高 2~5 m；多年生枝条黑色或紫黑色，无毛，当年生小枝红褐色，密被棕褐色柔毛，逐渐脱落；冬芽长圆形或卵圆形，红褐色；叶片卵状长圆形或长圆形，先端急尖或尾尖，基部近圆形或宽楔形，边缘有缺刻状重锯齿，上面深绿色，下面淡绿色，无毛，中脉和侧脉均明显突起，而带赭黄色，叶柄被棕褐色长柔毛；托叶膜质，披针形或线形，先端渐尖；总状花序，总花梗和花梗密被棕褐色柔毛；萼筒钟状；核果卵球形，紫黑色，萼片宿存；花期 4 月；果期 6 月。

125 蔷薇 *Rosa multiflora* Thunb. var. *cathayensis* Rehd. et Wils.

落叶有刺灌木,有时蔓状或攀缘状;叶互生,奇数羽状复叶,托叶与叶柄合生;花单生或排成伞房花序或圆锥花序;花瓣 5,有时重瓣,与数轮雄蕊同着生于萼管边缘的花盘上;心皮多数,生于壶状的萼管里面，成熟时变为被毛的瘦果包藏于此管内，好像种子一样；花期 4~5 月;果期 9~10 月。

126 棣棠花 *Kerria japonica*（Linn.）DC.

落叶灌木，株高 1.5~2 m；小枝绿色，有棱，无毛；叶卵形或三角状卵形，长 2~8 cm，宽 1 .2~3 cm，先端渐尖，基部截形或近圆形，边缘有重锯齿，上面无毛或有疏生短柔毛，下面微生短柔毛，叶柄长 0.8~2 cm，无毛；萼筒扁平，萼片 5，卵形，全缘，无毛；花瓣黄色，宽椭圆形；雄蕊多数，离生，有柔毛，花柱约与雄蕊等长；瘦果，黑色，无毛，萼片宿存；花期 4~5 月；果期 7~8 月。

127 华西银蜡梅(观音茶、药王茶)*Potentilla veitchii* Wils.

落叶灌木,高 1~1.5 m;茎直立,新生小枝被绢毛,老枝褐色,皮剥裂;奇数羽状复叶,小叶 3~5 个,无柄,小叶长方形,倒卵状椭长圆形或长圆状披针形,长 7~16 mm,宽 4~8 mm,先端钝,具尖头,基部楔形至圆形,全缘,表面伏生白色丝状长柔毛或近无毛,背面淡绿色,沿叶脉和叶缘伏生白色长柔毛;叶柄长 5~14 mm,被白色长柔毛;托叶卵形,长 4~6 mm,先端渐尖,背面被柔毛,膜质;花单生短枝顶端,花梗长 10~18 mm,稀被丝状长毛;萼裂片淡黄色,卵形,先端渐尖,较副萼片稍大,外面被稀疏柔毛;花瓣白色,倒卵形或近圆形,长 7~10 mm,先端圆,基部具爪;瘦果有毛;花期 7~8 月;果期 8~9 月。

128 杏树 *Prunus armeniaca* Linn.

落叶乔木，高可达 5~8 m，胸径 30 cm；干皮暗灰褐色，无顶芽，冬芽 2~3 枚簇生；单叶互生，叶卵形至近圆形，长 5~9 cm，宽 4~8 cm，先端具短尖头，基部圆形或近心形，缘具圆钝锯齿，羽状脉，侧脉 4~6 对，叶表光滑，叶背有时脉腋间有毛，叶柄光滑，长 2~3 cm，近叶基处有 1~6 腺体；花两性，单花无梗或近无梗；花萼狭圆筒形，萼片花时反折；花白色或微红，雄蕊 25~45 枚，短于花瓣；果球形或卵形，熟时多浅裂或黄红色，微有毛；种核扁平圆形；花期 3 月；果期 6~7 月。

129 野杏(山杏) *Prunus armeniaca* L. var. *ansu* Maxim.

落叶小乔木,高可达 8 m;枝、芽、树皮各部像杏树,但小枝多刺状;叶宽椭圆形至宽圆形,先端渐尖或尾尖,基部宽楔形或楔形,长 4~5 cm,宽 3~4 cm,较一般栽培的杏树形小而叶长,两面无毛或在下面脉腋间有簇毛,叶柄长 1.5~3 cm;花多两朵生于一芽,梗短或近于无梗,单花直径约 2.5 cm;花萼圆筒形,萼片卵圆形或椭圆形,紫红褐色;花瓣近圆形,径约 1 cm,粉白色;果近球形,径多在 2.5 cm 左右,果肉熟时橙黄色,肉质薄,多纤维,核扁圆形或扁卵形,边缘平薄锐利,表面粗糙,有较明显的网纹;花期 3 月;果期 6~7 月。

130 李树 *Prunus salicina* Lindl.

落叶乔木，高达 9~12 m；树皮灰褐色，粗糙；小枝无毛，紫褐色，有光泽；叶柄近顶端有 2~3 腺体；叶片长方倒卵形或椭圆倒卵形，先端急尖或渐尖，基部楔形，边缘有细密浅圆钝重锯齿；花两性，通常 3 朵簇生；萼筒杯状，萼片及花瓣均为 5；花瓣白色，雄蕊多数；排成不规则 2 轮；雌蕊 1，柱头盘状，心皮 1，与萼筒分离；核果球形或卵球形，直径 3.5~5 cm，栽培品种可达 7 cm，先端常稍急尖，基部凹陷，绿、黄或带紫红色，有光泽，被蜡粉；核卵圆形或长圆形，有细皱纹；花期 4~5 月；果期 7~8 月。

131 桃树 *Prunus persica* (L.) Batsch

落叶小乔木，高 4~8 m；叶卵状披针形或圆状披针形，长 8~12 cm，宽 3~4 cm，边缘具细密锯齿，两边无毛或下面脉腋间有鬓毛；花单生，先叶开放，近无柄；萼筒钟形，有短绒毛，萼片卵形；花瓣粉红色，倒卵形或矩圆状卵形；果球形或卵形，径 5~7 cm，表面被短毛，白绿色，夏末成熟；熟果带粉红色，肉厚，多汁，气香，味甜或微甜酸；核扁心形，极硬；花期 3~4 月；果期通常为 8~9 月。

132 山桃 *Prunus davidiana* (Carr.) Fr.

落叶小乔木,树冠倒卵形;树皮暗紫色,平滑,横裂,具横列皮孔,1年生枝灰色无毛;叶互生,半圆形或三角状半圆形;具托叶痕,叶迹 3;有顶芽,鳞芽,芽鳞 7~10;背面无毛,腹面密被白色柔毛,具长缘毛;顶芽卵状圆锥形,常簇生;侧芽单生或 2~3 个并生,中间者常为花芽;花期 3~4 月;果期 7~8 月。

133 毛樱桃 *Prunus tomentosa* Thunb.

落叶灌木，稀小乔木状；嫩枝密被绒毛至无毛；冬芽疏被柔毛或无毛；叶卵状椭圆形或倒卵状椭圆形，长 2~7 cm，有急尖或粗锐锯齿，上面被疏柔毛，下面灰绿色，密被灰色绒毛至稀疏，侧脉 4~7 对；叶柄长 2~8 mm，被绒毛至稀疏，托叶线形，长 3~6 mm，被长柔毛；花单生或 2 朵簇生，花叶同放，近先叶开放或先叶开放；花梗长达 2.5 mm 或近无梗；萼筒管状或杯状，长 4~5 mm，外被柔毛或无毛，萼片三角状卵形，长 2~3 mm，内外被柔毛或无毛；花瓣白或粉红色，倒卵形；雄蕊短于花瓣；花柱伸出与雄蕊近等长或稍长；子房被毛或仅顶端或基部被毛；核果近球形，熟时红色，直径 0.5~1.2 cm；核棱脊两侧有纵沟；花期 4~5 月；果期 6~9 月。

134 榆叶梅 *Prunus triloba* Lindl.

落叶灌木，高 3~5 m；枝细小光滑，主干树皮剥裂；叶片椭圆形，长 3~6 cm，单叶互生，其基部呈广楔形，端部三裂，边缘有粗锯齿；花 1~2 朵，花梗短，紧贴生在枝条上，花径 2~3.5 cm，初开多为深红，渐渐变为粉红色，最后变为粉白色；花有单瓣、重瓣和半重瓣之分，花期 3~4 月；果期 7 月。

135 稠李 *Prunus padus* Linn.

落叶乔木,高可达 13 m;树干皮灰褐色或黑褐色,浅纵裂;小枝紫褐色,有棱,幼枝灰绿色,近无毛;单叶互生,叶椭圆形,倒卵形或长圆状倒卵形,长 6~14 cm,宽 3~5 cm,先端突渐尖,基部宽楔形或圆形,缘具尖细锯齿,有侧脉 8~11 对,叶表绿色,叶背灰绿色仅脉腋有簇毛,叶柄长 1 cm 以上,近叶片基部有 2 腺体;两性花,腋生总状花序,下垂,基部常有叶片,长达 7~15 cm,有花 10~20 朵,花部无毛,花瓣白色,略有异味,雄蕊多数,短于花瓣;核果近球形,黑紫红色,径约 1 cm;花期 4~6 月;果期 8~9 月。

136 齿叶扁核木 *Prinsepia uniflora* Batal. var. *serrata* Rehd.

落叶灌木，高 1~2 m；老枝紫褐色，树皮光滑；小枝灰绿色或灰褐色；枝刺钻形，刺上不生叶；叶互生或丛生，近无柄；叶片长圆披针形或狭长圆形，长 2~5.5 cm，宽 6~8 mm，叶片边缘有明显锯齿，不育枝上叶片卵状披针形或卵状长圆形，先端急尖或短渐尖；花枝上叶片长圆形或窄椭圆形；花单生或 2~3 朵，簇生于叶丛内；花梗长 5~15 mm；花直径 8~10 mm；萼筒陀螺状，萼片短三角卵形或半圆形，先端圆钝，全缘，萼片和萼筒内外两面均无毛；花瓣白色，有紫色脉纹，倒卵形，长 5~6 mm，先端啮蚀状，基部宽楔形，有短爪，着生在萼筒口花盘边缘处；雄蕊 10，花药黄色，圆卵形，花丝扁而短，比花药稍长，着生在花盘上；心皮 1，无毛，花柱侧生，柱头头状；核果球形，红褐色或黑褐色，直径 8~12 mm，无毛，有光泽；萼片宿存，反折；核左右压扁的卵球形，长约 7 mm，有沟纹；花期 4~5 月；果期 8~9 月。

36. 含羞草科 Mimosaceae

137 合欢 *Albizia julibrissin* Durazz.

落叶乔木，高 4~15 m，树皮灰色；偶数羽状复叶，羽片 4~12 对，小叶对生，小叶 10~30 对，长圆形至线形，两侧极偏斜，长 6~12 mm，宽 1~4 mm，白天对开，夜间合拢；花序头状，多数，伞房状排列，腋生或顶生，花淡红色；荚果线形，扁平，长 9~15 cm，宽 1.2~2.5 cm，幼时有毛；花期 6 月；果期 9~11 月。

37. 云实科 Caesalpiniaceae

138 皂角 *Gleditsia sinensis* Lam.

落叶乔木，棘刺圆柱形，常分支；羽状复叶互生，小叶 6~16，卵形至长卵形，长 3~8 cm，宽 1~2 cm，先端尖，基部楔形，边缘有细齿；总状花序腋生及顶生，花杂性；花萼 4 裂；花瓣 4，淡黄色；雄蕊 6~8；子房沿缝线有毛；荚果扁长条状，长 12~35 cm，宽 2~4 cm，紫棕色，有时被白色蜡粉；花期 5 月；果期 10 月。

139 紫荆 *Cercis chinensis* Bge.

落叶小乔木，经栽培后常成灌木状；叶互生，近圆形，顶端急尖，基部心形，长 6~14 cm，宽 5~14 cm，两面无毛；花先于叶开放，4~10 朵簇生于老枝上；小苞片 2，阔卵形；花玫瑰红色，长 1.5~1.3 cm，小花梗刚柔，长 0.6~1.5 cm；荚果狭披针形，扁平，长 5~14 cm，宽 1.3~1.5 cm，沿腹缝线有狭翅不开裂；种子 2~8 颗，扁圆形，近黑色；花期 4~5 月；果期 8~10 月。

140 云实 *Caesalpinia decapetala*（Roth）Alston

落叶攀缘灌木，密生倒钩状刺；两回羽状复叶，羽片 3~10 对，小叶 12~24，长椭圆形，顶端圆，微凹，基部圆形，微偏斜，表面绿色，背面有白粉；总状花序顶生，花冠不是蝶形，黄色，有光泽；雄蕊稍长于花冠，花丝下半部密生绒毛；荚果长椭圆形，木质，长 6~12 cm，宽 2.3~3 cm，顶端圆，有喙，沿腹缝线有宽 3~4 mm 的狭翅；种子 6~9 颗；花期 5 月；果期 8~10 月。

38. 蝶形花科 Papilionaceae

141 白刺花 *Sophora davidii*（Franch.）Kom ex Pav.

落叶灌木，高 1~2.5 m；树皮灰褐色，多疣状突起；枝条棕色，近于无毛，具锐刺；奇数羽状复叶，互生，长 4~6 cm，小叶 11~21 枚，椭圆形或长卵形，长 5~8 mm，宽 4~5 mm，先端圆，微凹而具小尖，基部近圆形，全缘，两面疏被白色平伏的短柔毛；总状花序生于小枝顶端，约 6~12 朵，白色或蓝白色，有短花梗；萼钟状，5 浅裂，紫蓝色，密生短柔毛；花冠蝶形，旗瓣匙形，反曲，龙骨瓣 2 瓣分离，基部有锐耳；雄蕊 10，离生；心皮纤细，有毛；荚果细长，串珠状，有长喙，密生白色柔毛；种子 1~7 颗，椭圆形；花期 3~5 月；果期 6~8 月。

142 国槐(中槐) *Sophora japonica* Linn.

落叶乔木,高 15~25 m;干皮暗灰色,小枝绿色,皮孔明显;羽状复叶长 15~25 cm,叶轴有毛,基部膨大;小叶 9~15,卵状长圆形,长 2.5~7.5 cm,宽 1.5~5 cm,顶端渐尖而有细突尖,基部阔楔形,下面灰白色,疏生短柔毛;圆锥花序顶生;萼钟状,有 5 小齿;花冠乳白色,旗瓣阔心形,有短爪,并有紫脉,翼瓣龙骨瓣边缘稍带紫色;雄蕊 10,不等长;荚果肉质,串珠状,长 2.5~5 cm,无毛,不裂;种子 1~6,肾形;花期 7~8 月;果期 8~10 月。

143 龙爪槐 *Sophora japonica* Linn. f. pendula Lond.

国槐的变种，落叶乔木；小枝柔软下垂，树冠如伞，状态优美，枝条构成盘状，上部盘曲如龙，老树奇特苍古；树势较弱，主侧枝差异性不明显，大枝弯曲扭转，小枝下垂；叶为羽状复叶，互生，小叶 7~17 枚，卵形或椭圆形，冠幅可自然长成浑圆状，宛如大绿伞插在地上；冬季落叶后仍可欣赏其扭曲多变的枝干和树冠；花期 7~8 月；果期 8~10 月。

144 红豆树（鄂西红豆树、江阴红豆树、花榈木、花梨木）*Ormosia hosiei* Hemsl. et Wils.

常绿乔木；幼树树皮灰绿色，具灰白色皮孔，老树皮暗灰褐色；小枝绿色；羽状复叶，小叶5~7片，小叶片长椭圆形或长椭圆状卵形，长5~10 cm，先端渐尖，光滑无毛；花两性，圆锥花序，花白色或淡红色；荚果木质，扁平，先端尖嘴状，果长4~6.5 cm，无毛；种子1~2粒，鲜红色有光泽；花期4~5月；果期10~11月。

145 香花槐 *Robinia pseudoacacia* ‘idaho’

落叶乔木，株高 10~12 m；树干褐至灰褐色；叶互生，小叶 7~19 片组成羽状复叶，叶椭圆形至卵长圆形，长 3~6 cm，光滑，叶片绿色美观对称，深绿色有光泽，青翠碧绿；总花序腋生，花紫红色至深粉红色，芳香，密生成总状花序，作下垂状；花期 7~8 月；果期 8~10 月。

146 葛藤 *Pueraria lobata*（Willd）Ohwi.

落叶木质藤本，具有强大根系，并有膨大块根，富含淀粉；茎粗长，蔓生，长 5~10 m，常匍匐地面或缠绕其他植物之上；三出复叶，小叶长 6~20 cm，宽 7~20 cm；复式总状花序，腋生，花大，紫红色；荚果带状，扁平，长 5~12 cm，宽 0.6~1 cm；茎和荚果密生茸毛；种子扁卵圆形，红褐色；千粒重 13~18 g。

147 紫穗槐 *Amorpha fruticosa* Linn.

落叶灌木，高约 2 m；幼枝被细绒毛；叶柄密被白色细毛，小叶 11~17 片，长椭圆形，先端有小尖，上面绿色，下面淡绿色，两面被细毛；穗状花序腋生或顶生，总梗密被细绒毛；荚果弯曲，先端有尖喙，表面有腺点；花期 5~6 月；果期 7~8 月。

148 刺槐 *Robinia pseudoacacia* L.

落叶乔木，高 1~25 m；树皮褐色，有纵裂纹；羽状复叶互生，小叶 7~25 片，椭圆形或卵形，长 2~5.5 cm，宽 1~2 cm，顶端圆或微凹，有小尖头，基部圆形；花白色，花萼筒上有红色斑纹；花期 4~6 月；果期 8~9 月。

149 黄檀 *Dalbergia hupeana* Hance

落叶乔木，高 10~17 m；树皮灰色；羽状复叶有小叶 9~11 片，长圆形或宽椭圆形，长 3~5.5 cm，宽 1.5~3 cm、顶端钝，微缺，基部圆形，叶轴与小叶柄有白色疏柔毛，托叶早落；圆锥花序顶生或生在上部叶腋间；花梗有锈色疏毛；萼钟状，萼齿 5，不等，最下面 1 个披针形，较长，上面 2 个宽卵形，较短，有锈色柔毛；花冠淡紫色或白色；雄蕊成 5 与 5 两体；荚果长圆形，扁平，长 3~7 cm，种子 1~3 颗；花期 5~7 月；果期 7~10 月。

150 多花木蓝 *Indigofera amblyantha* Craib

落叶灌木，高 0.8~2 m；小分枝；茎褐色或淡褐色，圆柱形，幼枝禾秆色，具棱；羽状复叶长达 18 cm，互生；叶轴上面具浅槽，小叶 3~4(~5)对，对生，稀互生，形状、大小变异较大；总状花序腋生，长达 11~15 cm，近无总花梗；花冠淡红色；荚果棕褐色，线状圆柱形；花期 5~7 月；果期 9~11 月。

151 锦鸡儿 *Caragana rosea* Turcz. ex Maxim.

落叶灌木，高 0.4~1 m；树皮绿褐色或灰褐色，小枝细长，具条棱；叶假掌状，叶柄脱落或宿存成针刺，托叶在长枝者成细针刺；小叶 4，楔状倒卵形，先端圆钝或微凹，具刺尖，基部楔形；花梗单生，花萼常紫红色，花冠黄色，常紫红色或全部淡红色，凋时变为红色；荚果圆筒形；花期 4~6 月；果期 6~7 月。

152 花棒 *Hedysarum scoparium* Fisch. et Mey.

落叶灌木，高约 0.8~3 m；茎直立，多分枝，被疏长柔毛，茎皮亮黄色，呈纤维状剥落；托叶卵状披针形；小叶片灰绿色，线状长圆形或狭披针形，长 15~30 mm，宽 3~6 mm，无柄或近无柄，先端锐尖，具短尖头，基部楔形，表面被短柔毛或无毛，背面被较密的长柔毛；总状花序腋生，上部明显超出叶，总花梗被短柔毛；花少数，外展或平展，疏散排列；苞片卵形；花萼钟状，被短柔毛；花冠紫红色，旗瓣倒卵形或倒卵圆形，顶端钝圆，微凹，冀瓣线形，龙骨瓣通常稍短于旗瓣；子房线形，被短柔毛；荚果两侧膨大，具明显细网纹和白色密毡毛；种子圆肾形，长 2~3 mm，淡棕黄色，光滑；花期 6~9 月；果期 8~10 月。

153 多花紫藤 *Wisteria floribunda*（Willd）DC.

落叶藤本；树皮赤褐色；茎右旋，枝较细柔，分枝密，叶茂盛，初时密被褐色短柔毛，后秃净；羽状复叶长 20~30 cm，小叶 5~9 对，薄纸质，卵状披针形，自下而上等大或逐渐狭短；托叶线形，早落；总状花序生于当年生枝的枝梢，同一枝上的花几同时开放，下部枝的叶先开展，花序长 30~90 cm，径 5~7 cm，自下而上顺序开花；花冠紫色至蓝紫色；荚果倒披针形，平坦，密被绒毛，宿存枝端；花期 4~5 月；果期 5~7 月。

154 胡枝子 *Lespedeza bicolor* Turcz.

落叶灌木，高 0.5~2 m；3 小叶，顶生小叶宽椭圆形或卵状椭圆形，长 3~6 cm，宽 1.5~4 cm，先端圆钝，有小尖，基部圆形，上面疏生平伏短毛，下面毛较密，侧生小叶较小；总状花序腋生，较叶长；花梗无关节；萼杯状，萼齿 4，披针形，与萼筒近等长，有白色短柔毛；花冠紫色；旗瓣长约 1.2 cm，无爪，翼瓣长约 1 cm，有爪，龙骨瓣与旗瓣等长，基部有长爪；荚果斜卵形，长约 10 mm，宽约 5 mm，网脉明显，有密柔毛；花期 7~9 月；果期 9~10 月。

39. 芸香科 Rutaceae

155 秃叶黄檗(秃叶黄皮树)*Phellodendron chinense* Schneid. var. *Glabriusculum* Schneid.

落叶乔木;树皮较薄,外皮暗褐色,内皮黄色,叶甚苦;奇数羽状复叶对生,小叶 7~13 片,卵形或卵状椭圆形,边缘有细裂齿,叶背仅基部近小叶柄处被疏长毛;顶生聚伞圆锥花序,雌雄异株,花轴及花枝初被毛;萼片、花瓣各 5;核果有黏质胶液,蓝黑色,圆球形;花期 5~6 月;果期 9~11 月。

156 花椒 *Zanthoxylum bungeanum* Maxim.

落叶灌木或小乔木，高 2~7 m；茎通常有增大的皮刺，略向上生，基部扁而阔，长 5~16 mm；单数羽状复叶，互生，叶轴狭翅，背面常着生向上的小皮刺，小叶 5~9 片，对生，卵形或卵状长圆形，长 1.5~7 cm，宽 1~3 cm，先端急尖，基部广楔形，顶端小叶较大，边缘有疏而浅的锯齿，齿缝处着生透明腺点，下面中脉基部两侧通常密生长柔毛聚伞状圆锥花序顶生，花轴被短柔毛；花单性，雌雄同株，花被 4~8 片；雄花黄绿色，雄蕊 4~8 枚，有退化子房，顶端叉状浅裂；雌花心皮 4~6，子房有腺点，无柄，花柱略外弯，柱头头状，成熟心皮通常 2~3 个；果球形，红色至紫红色，密生疣状突起的腺体；种子圆球形，黑色，有光泽；花期 6~7 月；果期 9~10 月。

157 竹叶花椒 *Zanthoxylum armatum* DC.

常绿灌木或小乔木；皮刺压扁；叶互生，为奇数羽状复叶，叶轴有翅，下面散生皮刺，上面在小叶着生处有较小的皮刺，小叶 3~9 片，对生，具短柄至近无柄，纸质，披针形或长圆状披针形，顶端渐尖，边缘常有微小钝齿或近全缘；花黄绿色，腋生，聚伞圆锥花序；蓇葖果红色，有大而凸的腺点；种子黑色，卵形；花期 4~5 月；果期 8~10 月。

158 枸橘 *Poncirus trifoliata*（L.）Raf.

落叶小乔木，高 1~5 m；树冠伞形或圆头形；枝绿色，嫩枝扁，有纵棱，刺长达 4 cm，刺尖干枯状，红褐色，基部扁平；叶柄有狭长的翼叶，通常指状 3 出叶，很少 4~5 小叶，或杂交种的则除 3 小叶外尚有 2 小叶或单小叶同时存在，小叶等长或中间的一片较大，长 2~5 cm，宽 1~3 cm，对称或两侧不对称，叶缘有细钝裂齿或全缘，嫩叶中脉上有细毛；花单朵或成对腋生；果近圆球形或梨形；花期 5~6 月；果期 10~11 月。

159 吴茱萸 *Evodia rutaecarpa* Benth.

落叶灌木或小乔木,高 3~10 m;嫩枝密被锈褐色绒毛,成长枝毛渐脱落;羽状复叶长 20~40 cm,有 5~9 片小叶,小叶对生,卵形、椭圆形至椭圆状披针形,长 6~15 cm,宽 3~7 cm,两面被柔毛,下面沿叶脉被疏展长柔毛,油点肉眼可见;叶柄长 4~8 cm;聚伞圆锥花序顶生,花序轴粗壮,密被绒毛,花 5 基数,白色;雄花有雄蕊 5 枚;雌花的雌蕊由 4~6 心皮组成;果熟时紫红色,表面有粗大腺点;种子卵球形,黑色,有光泽;花期 4~6 月;果期 8~11 月。

160 橙 *Citrus sinensis* (Linn.) Osbeck.

常绿小乔木，高达 8 m；树冠圆形，枝具细刺，小枝绿色，有棱；叶椭圆形，长 4.7 cm，宽 2~4 cm，叶柄具狭翅，形成单身复叶；总状花序或单花生于叶腋，花白色，有香气，花瓣 5 枚；雄蕊 20~25 枚，花丝连合成束；子房球形，10~13 室；果实橙黄色，球形，长 5 cm，直径 6 cm，果甜；种子灰白色，表面平滑；花期 3~5 月；果期 10~12 月。

161 柚 *Citrus grandis* (L.) Osbeck.

常绿乔木，树势强旺开张；幼枝有刺；叶大而厚，卵圆形，翼叶较大呈心脏形；花大，总状花序，白色；雄蕊 20~25，花粉丰实；子房球形，花柱早凋；果大、重 500~2 000 g；果形有球圆、扁圆、椭圆、梨圆等形状，皮厚，油泡凸起，果肉灰白、粉红乃至红色等颜色，风味多为甜酸；种子 50~150 粒、楔形或马齿状，子叶白色、单胚；花期 4~5 月；果期 9~12 月。

40. 苦木科 Simaroubaceae

162 苦木 *Picrasma quassioides* Benn.

落叶乔木；树皮灰褐色，平滑，有灰色皮孔及斑纹，小枝绿色至红褐色；叶互生，羽状复叶，小叶 9~15，卵形或卵状椭圆形，先端锐尖，边缘具不整齐钝锯齿，沿中脉有柔毛；伞房状总状花序腋生，花单性异株；萼片、花瓣、雄蕊及子房心皮 4~5 出数；核果倒卵形，3~4 个并生，蓝绿色，有宿萼；花期 4~6 月；果期 6~9 月。

163 臭椿(樗)*Ailanthus altissima* (Mill.) Sw.

落叶乔木，高可达 30 m；树冠呈扁球形或伞形；树皮灰白色或灰黑色，平滑，稍有浅裂纹；小枝粗壮；叶痕大，倒卵形，内具 9 个维管束痕；奇数羽状复叶，互生，小叶 13~25 枚，卵状披针形，中上部全缘，近基部有 1~2 对粗锯齿，齿顶有腺点，叶总柄基部膨大，有臭味；圆锥花序顶生，花白色，微臭；蒴果椭圆形，种子多数，有扁平膜质的翅；花期 5~6 月；果期 8~10 月。

41. 楝科 Meliaceae

164 香椿 *Toona sinensis* Roem.

落叶乔木，树皮赭褐色，片状剥落；幼枝被柔毛；偶数羽状复叶，有特殊气味；小叶对生，纸质，矩圆形至披针状矩圆形，两面无毛或仅下面脉腋内有长髯毛；圆锥花序顶生，花芳香，萼短小；花瓣 5，白色，卵状矩圆形；有退化雄蕊 5，与 5 枚发育雄蕊互生；子房有沟纹 5 条；蒴果狭椭圆形或近卵形，5 瓣裂开；种子椭圆形，一端有膜质长翅；花期 6~8 月；果期 10~12 月。

165 苦楝(楝树、楝) *Melia azedarach* Linn.

落叶乔木,高 15~20 m;树皮暗褐色,纵裂;幼枝有星状毛,很快即脱落;2~3 回奇数羽状复叶,长 20~50 cm,幼时有星状毛;小叶卵形至椭圆形,长 3~7 cm,宽 2~3.5 cm,边缘有钝尖锯齿,深浅不一,有时微裂;圆锥花序与叶近等长或较短;花萼 5 裂,裂片披针形,有短柔毛和星状毛;花瓣 5,淡紫色,倒披针形,有短柔毛;雄蕊 10;核果近球形,直径 1.5~2 cm,淡黄色,4~5 室,每室有 1 种子;花期 4~5 月;果期 10~12 月。

42. 大戟科 Euphorbiaceae

166 重阳木 *Bischofia polycarpa*（Levl.）Airy.

落叶乔木，高达 10 m；树皮棕褐或黑褐色，纵裂；全株光滑无毛，三出复叶互生，具长叶柄，叶片长圆卵形或椭圆状卵形，长 6~14 cm，宽 4~7 cm，先端突尖或渐尖，基部圆形或近心形，边缘有钝锯齿，每厘米 4~5 个，两面光滑；叶柄长 4~10 cm；腋生总状花序，花小，淡绿色，有花萼无花瓣，雄花序多簇生，花梗短细，雌花序疏而长，花梗粗壮，有 2（稀 3）；果实球形浆果状，径 0.5~0.7 cm，熟时红褐或蓝黑色，种子细小，有光泽；花期 4~5 月；果期 10~11 月。

167 油桐 *Vernicia fordii* (Hemsl.) Airy.

落叶小乔木,高达 9 m;树皮灰色;枝粗壮,无毛;叶卵状圆形,长 5~15 cm,宽 3~12 cm,基部截形或心形,不裂或 3 浅裂,全缘,幼叶被锈色短柔毛,后来近于无毛;叶柄长达 12 cm,顶端有 2 红色腺体,腺体扁平无柄;花大,白色略带红,花瓣 5,单性,雌雄同株,排列于枝端成短圆锥花序;萼不规则,2~3 裂,裂片镊合状;雄花有雄蕊 8~20,花丝基部合生,上端分离且在花芽中弯曲;雌花子房 3~5 室,每室 1 胚珠,花柱 2 裂;核果近球形,直径 3~6 cm;种子具厚壳种皮;花期 3~4 月;果期 8~9 月。

168 假奓包叶 *Discocleidion rufescens* (Fr.) Pax et Hoffm.

落叶灌木或小乔木；小枝被柔毛；叶互生，单叶，卵形或卵状披针形，长 5~8 cm，宽约 2~5 cm，先端渐尖，基部圆形或近心形，3~5 出脉，边缘有锯齿，表面沿脉有疏毛，背面有细密毛柄 1~4 cm，有毛；花单性，雌雄异株，无花瓣；蒴果；花期 4~5 月；果期 5~6 月。

169 乌桕 *Sapium sebiferum*（L.）Roxb.

落叶乔木，高达 15 m，有乳汁；叶片菱形至菱状卵形，长和宽均 3~8 cm，顶端短尖或渐尖，全缘，叶柄细，长 2.5~6 cm；穗状花序顶生，雄花在上部，雌花在基部；雄花小，10~15 朵生一苞内，花萼杯状，3 浅裂，雌花萼 3 裂，子房 3 室，花柱基部合生，柱头外卷；蒴果木质，梨状圆球形，直径 1~1.5 cm；种子近圆形，黑色，外有白蜡层；花期 6~7 月；果期 10~11 月。

43.黄杨科 Buxaceae

170 黄杨 *Buxus sinica*（Rehd. et Wils.）Cheng.

常绿灌木；树皮灰色，有规则剥裂；茎枝有4棱，小枝和冬芽的外鳞有短毛；叶倒卵形或倒卵状长椭圆形至宽椭圆形，长1~3 cm，宽7~15 mm，背面主脉的基部和叶柄有微细毛；花簇生于叶腋或枝端，无花瓣；雄花萼片4，长2~2.5 mm；雄蕊比萼片长两倍；雌花生于花簇顶端，萼片6，两轮；花柱3，柱头粗厚，子房3室；蒴果球形，熟时黑色，沿室背3瓣裂；花期3~4月；果期5~7月。

44. 马桑科 Coriariaceae

171 马桑 *Coriaria nepalensis* Wall.

落叶有毒灌木，有时高达 6 m；枝条斜展，幼枝有棱，无毛；单叶对生，纸质至薄革质，椭圆形或阔椭圆形，长 2.5~8 cm，顶端急尖，基部近圆形，全缘，两面都无毛或仅下面沿脉有细毛，基出 3 主脉；叶柄粗，长约 1~3 mm，通常紫色；总状花序侧生于前年生枝上，长 4~6 cm；花杂性，雄花序先叶开放；萼片及花瓣各 5；雄蕊 10；心皮 5，分离；浆果状瘦果，5 个，成熟时由红色变紫黑色，直径约 6 mm，外被肉质花瓣所包；花期 3~4 月；果期 5~6 月。

45. 漆树科 Anacardiaceae

172 黄连木 *Pistacia chinensis* Bge.

落叶乔木;冬芽红色,有特殊气味;小枝有柔毛;偶数羽状复叶互生,小叶 10~12 片,具短柄,顶端渐尖,基部斜楔形,边全缘,幼时有毛,后变光滑,仅两面主脉有微柔毛;花单性,雌雄异株;雄蕊排成密总状花序,雌花排成疏松的圆锥花序;花小,无花瓣;核果倒卵状球形,端具小尖头,初为黄白色,成熟时变红色、紫蓝色;花期 3~4 月;果期 9~11 月。

173 粉背黄栌 *Cotinus coggygria* Scop. var. *glaucophylla* C. Y. Wu

落叶灌木或小乔木，高 2~7 m；小枝圆柱形，棕褐色，无毛；叶互生，纸质，卵圆形，长 3.5~10 cm，宽 2.5~7.5 cm，先端微凹或近圆形，基部圆形或浅心形，全缘，两面无毛，叶背明显被白粉；叶柄长 1.5~3.3 cm，上面平；圆锥花序顶生，无毛，长达 23 cm；花杂性，黄绿色；苞片披针形，长约 1.5 mm；花柄长约 3 mm，纤细；花萼 5 裂，裂片狭三角状披针形，长约 1.1 mm，宽约 0.5 mm，无毛，先端短尖；花瓣 5，卵形或卵状椭圆形，长约 1.6 mm，宽约 0.9 mm，无毛；雄蕊 5，长约 1.2 mm，花丝近钻形，花药卵圆形，与花丝等长；花盘大，黄色，盘状；子房近球形，偏斜，径约 0.4 mm，无毛，花柱 3，分离，近顶生；核果棕褐色，无毛，具皱纹，近肾形，长 4~4.5 mm，宽 2.5~3 mm。

174 盐肤木 *Rhus chinensis* Mill.

落叶小乔木，高达 8~10 m；树冠圆球形，枝开展；枝条密布赤褐色斑点、皮孔和残留的三角形叶痕；奇数羽状复叶，互生，纸质，入秋叶变橙黄红，温差大时变鲜红；全株具有毒乳汁；花序圆锥顶生，花小，乳白色；果扁圆形，橘红色；花期 8~9 月；果期 10 月。

175 青麸杨 *Rhus potaninii* Maxim.

落叶乔木，高 5~10 m；树皮灰褐色；小枝无毛；奇数羽状复叶互生，有小叶 3~4 对，叶轴无翅，被微柔毛，小叶卵状长圆形或长圆状披针形，长 5~10 cm，宽 2~4 cm，先端渐尖，基部多少偏斜，圆形，全缘，叶两面沿中脉被微柔毛或近无毛，小叶具短柄；圆锥花序顶生，长 10~20 cm，为叶长之半，被微柔毛；苞片钻形，长约 1 mm，被微柔毛；花白色，径约 2.5~3 mm，花柄长约 1 mm，被微柔毛；花萼 5 裂，裂片卵形，长约 1 mm，外面被微柔毛，边缘具睫毛；花瓣 5，卵形或卵状长圆形，长 1.5~2 mm，宽约 1 mm，两面被微柔毛，边缘具睫毛，开花时先端外卷；雄蕊 5，花丝线形，长约 2 mm，在雌花中较短，花药卵形；花盘厚，无毛；子房球形，径约 0.7 mm，密被白色绒毛，花柱 3，柱头平截；核果近球形，略压扁，径 3~4 mm，密被具节柔毛和腺毛，成熟时红色；种子压扁，径 2~3 mm。

176 火炬树 *Rhus typhina* Linn.

落叶小乔木，树高 8~10 m；树皮黑褐色，稍有不规则纵裂；叶互生，小叶 11~23，长圆形至披针形，长 5~12 cm，先端渐尖，基部圆形或阔楔形，上面深绿色，下面苍白色；雌雄异株；顶生直立圆锥花序，长 10~20 cm，花小，密生，淡绿色；小核果扁球形，被红色短刺毛，聚为紧密的火矩形果穗；种子扁圆形，黑褐色，种皮坚硬；花期 5~7 月；果期 9月。

177 漆树 *Toxicodendron vemicifluum* (Stokes) F. A. Barkl.

落叶乔木,高达 20 m;树皮灰白色;幼枝具皮孔和叶痕;顶芽大,被棕黄色绒毛;奇数羽状复叶,长 22~75 cm;有小叶 9~13 片,卵形至卵状椭圆形,长 7~15 cm,宽 3~7 cm,两边不对称;圆锥花序腋生,与叶近等长,花黄绿色;核果肾形,不偏斜;花期 5~6 月;果期 10 月。

46. 冬青科 Aquifoliaceae

178 猫儿刺 *Ilex pernyi* Franch.

常绿灌木或小乔木，高达 10 m；小枝有棱角，有短柔毛；叶革质，卵形或卵状披针形，长 1.5~3 cm，宽 0.5~1.4 cm，顶端急尖，顶刺状，边缘 1~3 对（常 2 对）大刺齿，上面有光泽；叶柄很短，长约 2 mm；雌雄异株，花 4 数，花序簇生于两年生小枝叶腋内，每分枝仅具 1 花；雄花花萼直径 2 mm，花冠直径 7 mm；雌花萼似雄花，花瓣卵形，长 2.5 mm；果近球形，直径 7~8 mm，红色，分核 4 颗；花期 4~5 月；果期 10~11 月。

47. 卫矛科 Celastraceae

179 白杜 *Euonymus maackii* Rupr

落叶小乔木，高达 6 m；叶卵状椭圆形、卵圆形或窄椭圆形，长 4~8 cm，宽 2~5 cm，先端长渐尖，基部阔楔形或近圆形，边缘具细锯齿，有时极深而锐利；叶柄通常细长，常为叶片的 1、4~1、3，但有时较短；聚伞花序 3 至多花，花序梗略扁，长 1~2 cm；花 4 数，淡白绿色或黄绿色，直径约 8 mm；小花梗长 2.5~4 mm；雄蕊花药紫红色，花丝细长，长 1~2 mm；蒴果倒圆心状，4 浅裂，长 6~8 mm，直径 9~10 mm，成熟后果皮粉红色；种子长椭圆状，长 5~6 mm，直径约 4 mm，种皮棕黄色，假种皮橙红色，全包种子，成熟后顶端常有小口；花期 6~7 月；果期 8~9 月。

180 大叶黄杨(冬青卫矛、正木) *Euonymus japonicus* Thunb.

常绿灌木或小乔木,高达 5 m;小枝近四棱形;叶片革质,表面有光泽,倒卵形或狭椭圆形,长 3~6 cm,宽 2~3 cm,顶端尖或钝,基部楔形,边缘有细锯齿;叶柄长约 6~12 mm;花绿白色,4 数,5~12 朵排列成密集的聚伞花序,腋生;蒴果近球形,有 4 浅沟,直径约 1 cm;种子棕色,假种皮橘红色;花期 6~7 月;果熟期 9~10 月。

181 卫矛 *Euonymus alatus* (Thunb.) Sieb.

落叶灌木,高 1~3 m;小枝常具 2~4 列宽阔木栓翅;冬芽圆形,长 2 mm 左右,芽鳞边缘具不整齐细坚齿;叶卵状椭圆形、窄长椭圆形,偶为倒卵形,长 2~8 cm,宽 1~3 cm,边缘具细锯齿,两面光滑无毛,叶柄长 1~3 mm;聚伞花序 1~3 花;花序梗长约 1 cm,小花梗长 5 mm;花白绿色,直径约 8 mm,4 片;萼片半圆形;花瓣近圆形;雄蕊着生花盘边缘处,花丝极短,开花后稍增长,花药宽阔长方形,2 室顶裂;蒴果 1~4 深裂,裂瓣椭圆状,长 7~8 mm;种子椭圆状或阔椭圆状,长 5~6 mm,种皮褐色或浅棕色,假种皮橙红色,全包种子;花期 5~6 月;果期 7~10 月。

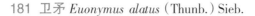

182 苦皮藤 *Celastrus angulatus* Maxim.

落叶木质藤本；小枝常有 4~6 锐棱，皮孔明显；叶大形，革质，矩圆状宽卵形或近圆形，长 9~16 cm，宽 6~11 cm，先端常短尖尾；叶柄粗壮，长达 3 cm；聚伞状圆锥花序顶生，下部分枝较上部的长；花梗粗壮有稜；花黄绿色，直径约 5 mm，5 片；果序长达 20 cm，果梗粗短；蒴果黄色，近球形，直径达 1.2 cm；种子每室 2 粒，有红色假种皮；花期 5~6 月；果期 8~10 月。

48. 省沽油科 Staphyleaceae

183 膀胱果 *Staphylea holocarpa* Hemsl.

落叶灌木或小乔木，高 3~5 m；小枝深绿色，光滑；小叶 3 片，顶生小叶椭圆形至长圆形，长 3~12 cm，宽 2~4.5(6) cm，先端尖或短渐尖，基部钝或宽楔形，缘具细锯齿，上面绿色，下面稍淡，近无毛，叶柄长达 1.5~4 cm，侧生小叶叶柄长 2~4 mm；圆锥花序下垂，着生于上年枝的叶腋，长 3~10 cm，具细长总花梗；花白色或粉红色，长约 1 cm，花梗长 5~10 mm；萼片宽长圆形，先端钝圆，基部合生花瓣匙状倒卵形，先端钝圆，离生；子房 3 室，中部以下合生，上部和花柱下部被长柔毛，花柱 3；蒴果梨形或椭圆形，长 4~6.5 cm，先端初成突渐尖，后 3 浅裂；种子淡灰褐色，长约 6 mm；花期 4~5 月；果期 8~9 月。

184 银鹊树(银雀树、瘿椒树) *Tapiscia sinensis* Oliv.

落叶乔木,高达 28 m,胸径可达 1 m;树皮淡民色,纵裂;小间褐色,有皮孔,无毛;叶互生,奇数羽状复叶,长达 30 cm;小叶 5~9 片,卵形或长卵形,长 6~14 cm,宽 4~7 cm,先端渐尖,基部圆形或心形,边缘具锯齿,上面深绿色,下面灰白色,被乳头状白粉点,两面无毛或脉腋被毛;圆锥花序腋生,雄花与两性花异株,雄序长达 25 cm,两性花的花序约 10 cm,花小,黄色,有芳香,花萼、花瓣具缘毛;雄花具退化雌蕊;两性花的花萼 5 裂,花瓣 5,雄蕊 5,伸出花外;子房 1 室,胚珠 1 枚,花柱长过雄蕊,浆果状核果椭圆形或近球形,长 6~7 mm,熟时紫色。

49. 槭树科 Aceraceae

185 金钱槭 *Dipteronia sinensis* Oliv.

落叶小乔木，高 10~15 m；小枝纤细，圆柱形；叶对生，奇数羽状复叶，长 20~40 cm，小叶纸质，通常 7~13 枚，长卵形或矩圆状披针形，长 7~10 cm，宽 2~4 cm，先端锐尖或长锐尖，基部圆形，边缘具稀疏的钝锯齿，上面绿色，无毛，下面淡绿色，除沿叶脉及叶腋具短的白色丛毛外，其余部分无毛，叶柄长 5~7 cm，圆柱形，无毛；顶生小叶片的小叶柄长 1~2 cm，侧生小叶的小叶柄较短，通常长 5~8 mm；花序为顶生或腋生的圆锥花序，直立，无毛，长 15~30 cm，花杂性，白色，雄花与两性花同株；萼片 5，卵形或椭圆形；花瓣 5，阔卵形，长 1 mm，宽 1.5 mm，与萼片互生，雄蕊 8，长于花瓣，花丝无毛，在两性花中则较短；子房扁形，被长硬毛；花柱短，柱头 2，向外反卷；果实为翅果，常有两个扁形的果实生于一个果梗上，果实周围具圆形或卵形的翅，径约 2 cm，嫩时紫红色，被长硬毛，成熟时淡黄色，无毛，种子圆盘形；花期 4 月；果期 9 月。

186 三角槭 *Acer buergerianum* Miq.

落叶乔木，高 5~10 m；树皮灰色，老年树多呈块状剥落，内皮黄褐色、光滑；小枝皮褐色至红褐色，初有毛，后脱落，略被白粉；单叶，卵形至倒卵形，顶部 3 裂，裂深常为全叶片的 1/4 至 1/3，裂片三角形，先端渐尖，全缘或仅在近端处有细疏锯齿，叶基圆形或宽楔形，近革质，上面暗绿色，光滑，下面淡绿色，初有白粉或短柔毛，后脱落；叶柄长 2.5~5 cm；花杂性，组成顶生伞房状圆锥花序，花序轴及花梗上微有毛；萼片 5，卵形，黄绿色似花瓣，花瓣 5，较萼片稍窄；雄蕊 8，生于花盘内缘；子房密被长绒毛；花柱短，柱头 2 裂；翅果长 2~2.5 cm，两果翅开张呈锐角，两果翅前伸外沿近平行，果体倒卵形，两面突起；花期 5 月；果期 9 月。

187 飞蛾树 *Acer oblongum* Wall. ex DC.

常绿或半常绿乔木，高 10~20 m；当年生枝紫色或淡紫色，有柔毛或无毛，老枝褐色，无毛；叶革质，矩圆形或卵形，长 8~11 cm，宽 3~4 cm，全缘，顶端尖或具短尾尖，基部近圆形，上面绿色，有光泽，下面有白粉或灰绿色，基部 1 对侧脉较长，达于叶片中部；伞房花序顶生，有短柔毛；花绿色或黄绿色，杂性；萼片 5，矩圆形；花瓣 5，倒卵形；雄蕊 8，生花盘内侧，花盘微裂；两性花的子房有短柔毛；柱头 2 裂，反卷；翅果长 2.5 cm，幼时紫色，成熟后黄褐色，小坚果凸出，翅张开成直角；花期 4 月；果期 9 月。

188 庙台槭 *Acer miaotaiense* P. C. Tsoong

落叶乔木，高 10~20(25) m；树皮深灰色，纵裂或片状剥落；幼枝红褐色或紫褐色，老枝灰色，深纵裂；叶纸质，宽卵形，长 6.5~11 cm，宽 6~8 cm，基部心形或近心形，稀截形，常 3~5 浅裂，裂片先端纯圆或短渐尖，边缘微呈浅波状，裂片间的凹缺钝形，上面沿叶脉常有短柔毛，下面被短柔毛，沿叶脉较密，基出脉(3~)5 条，网脉明显，叶柄长 6~10 cm；伞房花序顶生，总花梗长 1.5~2.5 cm，花梗长 1~1.5 cm；花杂性，直径约 4~6 mm；萼片 5，绿色，卵状长圆形，长约 3 mm，边缘及下面被纤毛；花瓣 5，淡黄绿色；雄蕊 8，着生于花盘上，花药近球形；花盘、子房、花柱均无毛，柱头之裂；果序连同总梗长约 5 cm，果梗长约 3 cm；小坚果扁平，近圆形，直径约 8 mm，密被淡褐色或黄色绒毛；翅长圆形，宽 8~9 mm，连同小坚果长约 3 cm，两翅水平开展。

189 元宝枫 *Acer truncatum* Bunge

落叶乔木，高达 8~12 m；干皮黄褐色或灰色，纵裂，当年生枝绿色，后转为红褐色或灰棕色，光滑无毛，鳞芽端尖光亮；单叶对生，掌状 5 裂，裂片全缘或仅中间裂片上部出现 2 小裂，叶基截形或稍凹，两面光滑，偶见背面脉腋有簇毛，具长叶柄；花杂性同株，顶生伞房花序，具花 6~10 朵，花黄白色，萼、瓣各 5 枚，雄蕊 4~8 枚；翅果，熟时淡黄色，两果张开成直角或钝角，翅长与果体近相等；花期 4~5 月；果期 9~10 月。

190 青榨槭 *Acer davidii* Fr.

落叶乔木，高 8~12 m；青榨槭树皮绿色，并有墨绿色条纹，1 年生枝条皮银白色，青榨槭因树皮颜色绿色似青蛙皮而得名。单叶对生，叶广卵形或卵形，长 10~16 cm，宽 7~14 cm，上部 3 浅裂，有时 5 裂，基部心形，边缘有钝尖二重锯齿，上面暗绿色，平滑无毛；叶柄长 3~8 cm；总状花序顶生、下垂，有小花 10~20 朵，花瓣带绿色，小坚果卵圆形；花期 3 月；果期 9 月。

50.七叶树科 Hippocastanaceae

191 七叶树 *Aesculus chinensis* Bge.

落叶乔木；有肥大的冬芽被数对鳞片所覆盖；叶为掌状复叶；小叶 5~9 枚，有锯齿；花杂性，排成顶生、大型的圆锥花序；萼钟形，4~5 裂；花瓣 4~5 片；雄蕊 5~9；子房 3 室，每室有胚珠 2 颗；果为蒴果，有大的种子 1~3 颗；花期 4~5 月；果期 10 月。

51. 无患子科 Sapindaceae

192 无患子 *Sapindus mukorossi* Gaertn.

落叶或常绿乔木，高达 25 m；枝开展，小枝无毛，密生多数皮孔；冬芽腋生，外有鳞片 2 对，稍有细毛；通常为偶数羽状复叶，互生，无托叶，有柄，小叶 8~12 枚，广披针形或椭圆形，长 6~15 cm，宽 2.5~5 cm，先端长尖，全缘，基部阔楔形或斜圆形，左右不等，革质，无毛，或下面主脉上有微毛；小叶柄极短；圆锥花序，顶生及侧生；花杂性，小形，无柄，总轴及分枝均被淡黄褐色细毛；萼 5 片，外 2 片短，内 3 片较长，圆形或卵圆形；花冠淡绿色，5 瓣，卵形至卵状披针形，有短爪，花盘杯状；雄花有 8~10 枚发达的雄蕊，着生于花盘内侧，花丝有细毛，药背部着生；雌花，子房上位，通常仅 1 室发育；两性花雄蕊小，花丝有软毛；核果球形，径约 15~20 mm，熟时黄色或棕黄色；种子球形，黑色，径约 12~15 mm；花期 6~7 月；果期 9~10 月。

193 栾树 *Koelreuteria paniculata* Laxm.

落叶乔木，高达 15 m；树冠近圆球形；树皮灰褐色，细纵裂；小枝稍有棱，无顶芽，皮孔明显，奇数羽状复叶，有时部分小叶深裂而为不完全的二回羽状复叶，长达 40 cm，小叶 7~15 cm，卵形或长卵形，边缘具锯齿或裂片，背面沿脉有短柔毛；顶生大型圆锥花序，花小金黄色；蒴果三角状卵形，顶端尖，红褐色或橘红色；花期 6~7 月；果期 9~10 月。

194 文冠果 *Xanthoceras sorbifolia* Bge.

落叶小乔木或灌木，高可达 8 m；树皮灰褐色，粗糙条裂；小枝幼时紫褐色，有毛，后脱落；奇数羽状复叶互生；花杂性，整齐，白色，基部有由黄变红之斑晕；蒴果椭圆形，径 4~6 cm，具有木质厚壁；花期 4~5 月；果期 8~9 月。

52. 清风藤科 Sabiaceae

195 清风藤 *Sabia japonica* Maxim.

落叶藤本；嫩枝绿色，有细柔毛；叶卵状椭圆形，长 3.5~6.5 cm，宽 2.5~3.5 cm，顶端短尖，基部钝圆，全缘，两面近无毛；叶柄短，在秋季不与叶同时脱落而成针刺状，宿存；花单生或数朵排成聚伞花序，黄绿色，先叶开放；萼 5 深裂，裂片大小不等，有缘毛；花瓣倒卵状披针形，较萼长多倍；雄蕊短于花瓣；核果 1 个心皮成熟，或 2 个均成熟而成双生状，扁倒卵形，基部偏斜，有皱纹，果柄长 2~2.5 cm；花期 3~4 月；果期 5~8 月。

196 泡花树 *Meliosma cuneifolia* Franch.

落叶灌木或小乔木，高 4~6 m；枝直立，灰褐色；叶互生，具短柄，倒卵形，长 7~15 cm，宽 3~7 cm，先端锐尖或渐尖，基部楔形，边缘有波状锯齿，上面无毛，下面脉腋有簇生毛；圆锥花序顶生，花序轴被锈色短柔毛，花小，黄白色，径 6 mm；核果球形，直径 5 mm，成熟时黑色；花期 7 月；果期 9 月。

197 暖木 *Meliosma veitchiorum* Hemsl.

落叶乔木，高达 15 m，幼嫩部分有锈色柔毛；奇数羽状复叶，连柄长 60~90 cm，叶柄和总轴和小叶柄有柔毛，后变无毛，小叶 7~11 片，下部的椭圆形或近圆形，宽 6~7 cm，上部的卵状长椭圆形，长达 20 cm，全缘或有粗锯齿，侧脉 6~12 对，背面隆起；圆锥花序直立，狭尖锥形，长 40~45 cm 或过之，分枝粗壮，密生木栓质的大皮孔；花白色，极多数，直径约 3 mm；花柄长约 3 mm，具节；萼片 5，长椭圆形，钝头；花瓣倒心形；花盘高、厚，浅 5 裂；发育雄蕊 2；子房有毛；核果球形，直径 10~12 mm，熟时黑色；花期 5 月；果期 8~9 月。

53. 鼠李科 Rhamnaceae

198 铜钱树 *Paliurus hemsleyanus* Rehd.

落叶乔木，高达 15 m；树皮暗灰色；幼枝无毛，无刺或有刺；叶互生，宽卵形或椭圆状卵形，长 4~10 cm，宽 2.5~7 cm，先端短尖或尾尖，基部圆形至宽楔形，稍偏斜，边缘有细锯齿或圆齿，基生三出脉，两面无毛；叶柄长达 1 cm；聚伞花序腋生或顶生；花小，黄绿色；花萼 5 裂；花瓣 5；雄蕊 5；核果周围有木栓质宽翅，近圆形，直径 2.5 cm 或更大，无毛，紫褐色；花期 4~6 月；果期 7~9 月。

199 冻绿 *Rhamnus utilis* Decne.

落叶灌木或小乔木，高达 4 m；幼枝无毛，小枝褐色或紫红色，稍平滑，对生或近对生，枝端常具针刺，腋芽小；叶纸质，对生或近对生，或在短枝上簇生，椭圆形、矩圆形或倒卵状椭圆形，叶柄上面具小沟；托叶披针形，宿存；花单性，雌雄异株，4 基数，具花瓣；核果圆球形或近球形，成熟时黑色，具 2 分核，基部有宿存的萼筒；花期 4~6 月；果期 5~8 月。

200 枣树 *Ziziphus jujuba* Mill.

落叶乔木，高可达 10 m，树冠卵形；树皮灰褐色，条裂；枝有长枝、短枝与脱落性小枝之分；长枝红褐色，呈“之”字形弯曲，光滑，有托叶刺或不明显；短枝在二年生以上的长枝上互生；脱落性小枝较纤细，无芽，簇生于短枝上，秋后与叶俱落；叶卵形至卵状长椭圆形，先端钝尖，边缘有细锯齿，基生三出脉，叶面有光泽，两面无毛；聚伞花序腋生，花小，黄绿色；核果卵形至长圆形，熟时暗红色；果核坚硬，两端尖；花期 5~6 月；果期 8~9 月。

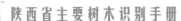

201 酸枣 *Ziziphus jujuba* Mill. var. *spinosa* (Bunge) Hu ex H. F. Chow.

落叶灌木或小乔木,高 1~3 m;托叶刺有 2 种,一种直伸,长达 3 cm,另一种常弯曲;叶片椭圆形至卵状披针形,长 1.5~3.5 cm,宽 0.6~1.2 cm,边缘有细锯齿,基部 3 出脉;花黄绿色, 2~3 朵簇生于叶腋;核果小,熟时红褐色,近球形或长圆形,长 0.7~1.5 cm,味酸,核两端钝;花期 4~5 月;果期 8~9 月。

202 北枳椇（拐枣、木室、万寿果、鸡爪子、龙枣）*Hovenia dulcis* Thunb.

落叶乔木，高达 15~25 m；嫩枝、幼叶背面、叶柄和花序轴初有短柔毛，后脱落；叶片椭圆状卵形、宽卵形或心状卵形，长 8~16 cm，宽 6~11 cm，顶端渐尖，基部圆形或心形，常不对称，边缘有细锯齿，表面无毛，背面沿叶脉或脉间有柔毛；两歧式聚伞花序顶生和腋生；花小，黄绿色，直径约 4.5 mm，花瓣扁圆形；花柱常裂至中部或深裂；果柄肉质，扭曲，红褐色；果实近球形，无毛，直径约 7 mm，灰褐色；花期 6 月；果期 8~10 月。

203 勾儿茶 *Berchemia sinica* Schneid.

落叶攀缘灌木，高 2~5 m；树干黄褐色，无毛；叶互生，纸质，卵形或卵圆形，长 1.5~5 cm，宽 1.3~3 cm，先端钝或近于圆形，基部圆形或心形，全缘，两面无毛，上面绿色，下面灰白色，侧脉 8~10 对，叶柄长 1~2 cm；圆锥花序或总状圆锥花序顶生，花 3~8 朵束生，黄绿色；花芽球形，顶端钝；花萼 5 裂；花瓣 5，短于萼裂片，倒卵形；雄蕊 5，与花瓣对生；核果圆柱形，长 5~6 mm，宽 2.5 mm，成熟时黑色；花期 6~8 月；果期次年 5~6 月。

54. 葡萄科 Vitaceae

204 变叶葡萄 *Vitis piasezkii* Maxim.

落叶木质藤本；小枝圆柱形，有纵棱纹，嫩枝被褐色柔毛；卷须 2 叉分枝，每隔 2 节间断与叶对生；叶 3~5 小叶或混生有单叶者，复叶者中央小叶菱状椭圆形或披针形，单叶者叶片卵圆形或卵椭圆形；基出脉 5，中脉有侧脉 4~6 对；圆锥花序疏散，与叶对生，基部分枝发达；花瓣 5，呈帽状粘合脱落；雄蕊 5，花丝丝状；果实球形，直径 0.8~1.3 cm；种子倒卵圆形，顶端微凹；花期 6 月；果期 7~9 月。

205 葡萄 *Vitis vinifera* Linn.

落叶木质藤本，长 12~20 m；树皮长片状剥落，幼枝光滑；叶互生，近圆形，长 7~15 cm，宽 6~14 cm，3~5 裂，基部心形，两侧靠拢，边缘粗齿；圆锥花序，花小，黄绿色；花后结浆果，果椭球形，圆球形；花期 4~5 月；果期 8~9 月。

206 爬山虎(爬墙虎、地锦) *Parthenocissus tricuspidata* (Sieb. et Zucc.) Planch.

落叶大藤本;枝条粗壮,卷须短,多分枝,枝端有吸盘;叶宽卵形,通常三裂,基部心形,叶缘有粗锯齿,表面无毛,下面脉上有柔毛;幼苗或下部枝上的叶较小,常分成三小叶,或为三全裂;聚伞花序通常生于短枝顶端的两叶之间;花 5 数;萼全缘;花瓣顶端反折;雄蕊与花瓣对生;花盘贴生于子房,不明显;子房两室,每室有 2 胚珠;浆果蓝色;花期 6 月;果期 10 月。

55. 椴树科 Tiliaceae

207 华椴 *Tilla chinensis* Maxim.

落叶乔木,高 15 m;小枝无毛;叶卵形或宽卵形,长 3~8 cm,宽 3~9 cm,先端短骤尖,基部斜,截形或近心形,边缘有细锯齿,下面密生星状毛;叶柄细,长 3~6 cm,无毛;聚伞花序有 1~3 朵花;苞片长 4~8 cm,近于无柄;花黄色,直径约 1 cm;果椭圆形,长 1 cm,有明显的 5 棱,外面被星状绒毛;花期 6~7 月;果期 9~10 月。

208 少脉椴 *Tilia paucicostata* Maxim.

落叶乔木，高达 12 m；树皮暗灰色，深纵裂；小枝褐色，被短柔毛或无毛；冬芽卵圆形，上部被淡褐色柔毛；叶宽卵形或卵圆形，长 4~9.5 cm，宽 3~8.5 cm，先端短尾状渐尖，基部心形或截形，有时稍偏斜，缘具带刺尖的粗锯齿，上面暗绿色，无毛，下面淡绿色，疏被灰柔毛而脉腋有淡褐色簇毛；叶柄长 2.5~5 cm，无毛或有时仅上部被短柔毛；聚伞花序；苞片披针形或狭长圆形；花黄色；萼片肥厚，卵状披针形；花瓣披针形，长约 6 mm，先端钝；核果倒卵圆形或近球形，长约 10 mm，直径 5~6 mm，密被灰白色短茸毛，有疣状突起；花期 7 月；果期 8 月。

209 粉椴 *Tilia oliveri* Szyszyl.

落叶乔木，高 8 m；树皮灰白色；嫩枝通常无毛，或偶有不明显微毛，顶芽秃净；叶卵形或阔卵形，长 9~12 cm，宽 6~10 cm，有时较细小，先端急锐尖，基部斜心形或截形，上面无毛，下面被白色星状茸毛，侧脉 7~8 对，边缘密生细锯齿；叶柄长 3~5 cm，近秃净；聚伞花序长 6~9 cm，有花 6~15 朵，花序柄长 5~7 cm，有灰白色星状茸毛，下部 3~4.5 cm 与苞片合生；苞片窄倒披针形，长 6~10 cm，宽 1~2 cm，先端圆，基部钝，有短柄，上面中脉有毛，下面被灰白色星状柔毛；萼片卵状披针形，长 5~6 mm，被白色毛；花瓣长 6~7 mm；退化雄蕊比花瓣短，雄蕊约与萼片等长；子房有星状茸毛，花柱比花瓣短；果实椭圆形，被毛，有棱或仅在下半部有棱突；花期 7~8 月。

210 扁担杆 *Grewia biloba* G. Don

落叶灌木或小乔木，高达 3 m 左右；小枝有星状毛；叶狭菱状卵形或狭菱形，长 3~9 cm，宽 1~4 cm，边缘密生细锯齿，表面几无毛，背面疏生星状毛或几无毛，基出脉 3 条，叶柄长 2~6 mm；聚伞花序与叶对生，花淡黄绿色，直径不到 1 cm；萼片 5，狭披针形，长约 5 mm，外面密生灰色短毛，内面无毛；花瓣 5，长约 1.2 mm；雄蕊多数，花药白色，花柱长，子房有毛；核果橙红色，直径 7~12 mm，无毛，2 裂，每裂有 2 核，内有种子 2~4 粒；花期 6~7 月；果期 8~9 月。

56. 锦葵科 Malvaceae

211 木槿 *Hibiscus syriacus* Linn.

落叶灌木，高 3~4 m；树皮灰褐色，分枝多，稍披散，枝被柔毛；叶菱状卵形，常 3 裂，边缘有不规则钝圆锯齿，基部楔形，托叶条形，三出脉明显；6 月开始陆续开花，单生叶腋，花冠钟状，淡紫、白、红等色，朝开暮萎；蒴果卵圆形，密被绒毛，淡灰褐色；花期 6~9 月；果期 9~11 月。

57. 梧桐科 Sterculiaceae

212 梧桐 *Firmiana platanifolia*（L. f.）Marsili

落叶大乔木，高达 15 m；树干挺直，树皮绿色，平滑；叶心形，3~5 掌状分裂，通常直径 15~30 cm，裂片三角形，顶端渐尖，全缘，5 出脉，背面有细绒毛，叶柄长 8~30 cm；花小，黄绿色；萼片 5 深裂，裂片被针形，向外反卷曲，外面密生黄色星状毛；花瓣缺；子房球形，5 室，基部有退化雄蕊；蓇葖 4~5，纸质，叶状，长 6~10 cm，宽 1.3~2.4 cm，有毛；种子形如豌豆，2~4 颗着生果瓣边缘，成熟时棕色，有皱纹；花期 7 月；果期 11 月。

58. 猕猴桃科 Actinidiaceae

213 中华猕猴桃 *Actinidia chinensis* Planch.

大型落叶藤本；髓白色至淡褐色，片层状；叶纸质，腹面深绿色，背面苍绿色，密被灰白色或淡褐色星状绒毛；叶柄被灰白色茸毛或黄褐色长硬毛或铁锈色硬毛状刺毛；聚伞花序 1～3 花；苞片小，卵形或钻形，均被灰白色丝状绒毛或黄褐色茸毛；花初放时白色，放后变淡黄色，有香气；萼片两面密被压紧的黄褐色绒毛；子房球形，密被金黄色的压紧交织绒毛或不压紧不交织的刷毛状糙毛，花柱狭条形。果黄褐色，被茸毛、长硬毛或刺毛状长硬毛，具小而多的淡褐色斑点；宿存萼片反折；花期 6 月；果期 8～10 月。

214 葛枣猕猴桃 *Actinidia polygama* (Sieb. et Zucc.) Maxim.

落叶缠绕藤本，高可达 5 m；老枝无毛，有灰白色小皮孔；髓大，白色，实心；叶互生，膜质，上半部或全部变白或黄色；花通常单一，腋生，较大，白色而芳香；萼片 5；花瓣 5；浆果黄色，熟时变橘红色，卵圆形，长约 3 cm，宽约 1.3 cm，先端喙状；种子多数，淡褐色；花期 6 月；果期 9~10 月。

59. 山茶科 Theaceae

215 茶 *Camellia sinensis*（L.）Kuntze

常绿灌木；茶芽在未萌发前，形似锥状，由 2~3 片鳞片披护；叶片常绿，互生，单叶，多为椭圆或卵圆，主脉明显与侧脉末端相连，叶缘锯齿状，叶面富革质，嫩叶有茸毛；花属短轴总状花序，为两性花，一般为白色，少数为粉红色；果为蒴果，外表光滑，其形状视发育籽粒而异； 一般 1 粒的略呈圆形，2 粒的近长椭圆形，3 粒的近三角形，4 粒的近正方形，5 粒的近梅花形；果皮绿色，成熟后大多为暗褐色；花期 10 月至次年 2 月；果期次年 10 月。

216 山茶 *Camellia japonica* L.

常绿灌木或小乔木，高 1~2 m；叶倒卵形至椭圆形，长 5~10 cm，宽 3~4 cm，先端短钝渐尖，基部楔形，边缘具软骨质细锯齿，上面暗绿色，有光泽，下面淡绿色，两面无毛，叶柄长 8~15 mm；花单生或对生于叶腋或枝顶，红色或白色，径 6~8 cm，近无梗；花瓣 5~7，近圆形；花丝无毛；子房无毛，花柱顶端 3 裂；蒴果近球形，径约 3 cm，无毛；种子近球形或有角棱，径 2~2.5 cm；花期 3~4 月；果期 9~10 月。

60. 藤黄科 Guttiferae

217 金丝桃 *Hypericum chinense* Linn.

落叶灌木；叶对生，有时轮生，无柄或具短柄，有透明的腺点；花两性，黄色，很少粉红色或淡紫色，单生或排成顶生或腋生的聚伞花序；萼片 5；花瓣 5，通常偏斜，芽旋转排列；雄蕊极多数，分离或基部合生成 3~5 束而与花瓣对生，有时有下位腺体与花瓣互生；子房上位，1 室，有 3~5 个侧膜胎座，或 3~5 室而有中轴胎座；胚珠极多数；花柱 3~5；果为蒴果，室间开裂或沿胎座开裂，很少为浆果；种子无翅；花期 5~8 月；果期 8~9 月。

218 金丝梅 *Hypericum patulum* Thunb. ex Murray

落叶灌木，高达 1 m；小枝拱曲，有两棱，常呈红色或暗褐色；叶卵形、长卵形或卵状披针形，长 2.5~5 cm，宽 1.5~3 cm，先端通常圆钝或尖，或有小尖头，基部渐狭或圆形，全缘，上面绿色，下面淡粉绿色，疏布油点，有极短的叶柄；花单生枝端或成聚伞花序，直径 4~5 cm；萼片卵圆形；花瓣近圆形，金黄色；雄蕊多数，连合成 5 束，短于花瓣；花柱 5，分离，与雄蕊等长或较短；蒴果卵形，有宿存的萼；花期 6~7 月；果期 8~10 月。

61. 柽柳科 Tamaricaceae

219 柽柳 *Tamarix chinensis* Lour.

落叶小乔木或灌木，高达 8 m；幼枝稠密纤细，常开展而下垂，红紫或暗紫红色，有光泽；叶鲜绿色，钻形或卵状披针形，长 1~3 mm，背面有龙骨状突起，先端内弯；每年开花 2~3 次；春季总状花序侧生于去年生小枝，长 3~6 cm，下垂；夏秋总状花序，长 3~5 cm，生于当年生枝顶端，组成顶生长圆形或窄三角形；雄蕊 5，花丝着生于花盘裂片间；花柱 3，棍棒状；蒴果圆锥形，长 3.5 mm；花期 4~9 月；果期 10 月。

220 多枝柽柳 *Tamarix ramosissima* Ledeb.

落叶灌木或小乔木状，高 1~3(~6) m；老杆和老枝的树皮暗灰色，当年生木质化的生长枝淡红或橙黄色，长而直伸，有分枝，第二年生枝则颜色渐变淡；木质化生长枝上的叶披针形，基部短，半抱茎；绿色营养枝上的叶短卵圆形或三角状心脏形，几抱茎，下延；总状花序生在当年生枝顶，集成顶生圆锥花序；花瓣粉红色或紫色，倒卵形至阔椭圆状倒卵形，比花萼长 1/3，直伸，靠合，形成闭合的酒杯状花冠；雄蕊 5，与花冠等长；果实宿存；蒴果三棱圆锥形瓶状；花期 5~9 月；果期 6~8 月。

62. 大风子科 Flacourtiaceae

221 毛叶山桐子 *Idesia polycarpa* Maxim. var. *vestita* Diels

落叶乔木,高 8~15 m;树皮光滑,灰白色,皮孔大而明显;叶卵形至卵状心形,厚纸质,长 8~16 cm,宽 6~14 cm,先端锐尖至短渐尖,基部心形或近心形.叶缘有疏锯齿,表面光滑有光泽,背面密生灰色短柔毛,基部掌状 5~7 出脉;叶柄红色,长 6~15 cm,圆柱形,幼具短柔毛,顶端有两个较大腺体;圆锥花序长 15~30 cm,下垂,花黄绿色,芳香;浆果球形,红色、直径 6 ~ 8mm,有多数种子;种子卵形,褐色,长 1 mm,径 0.3 mm;花期 5~6 月;果期 9~11 月。

63. 旌节花科 Stachyuraceae

222 中国旌节花 *Stachyurus chinensis* Franch.

落叶灌木，高 2~4 m；叶互生，纸质，卵形至卵状长圆形，长 6~12 cm，宽 3~6 cm，顶端尾状渐尖，边缘有齿，基部圆形；穗状花序长 4~8 cm，花黄色，先叶开放；萼片黄绿色，三角形；花瓣倒卵形，长约 7 mm；浆果球形，直径 6~8 mm，有短柄；花期 3~4 月；果期 5~7 月。

64. 瑞香科 Thymelaeaceae

223 黄瑞香 *Daphne giraldii* Nitsche

落叶直立灌木,高 45~70 cm;幼枝无毛,浅绿色而带紫色,老枝黄灰色;叶常集生于小枝梢部,倒披针形,长 3~6 cm,宽 7~12 mm,先端尖或圆,有凸尖,基部楔形,全缘,稍反卷,上面绿色,下面灰白色,两面无毛;花黄色,稍芳香,常 3~8 朵成顶生头状花序,无苞片;花梗短,无毛;花被筒状,长 8~12 mm,裂片 4,近卵形,先端渐尖,长 3~4 mm;核果卵形,鲜红色;花期 6 月;果期 7 月。

224 结香 *Edgeworthia chrysantha* Lindl.

落叶灌木，高达 2 m，全株被绢状长柔毛或长硬毛；枝条棕红色，三叉状分枝，有皮孔；叶簇生枝顶，纸质，椭圆状长圆形或椭圆状披针形，长 8~16 cm，宽 2~3.5 cm，先端急尖，基部楔形，下延，全缘，上面疏被柔毛，下面被长硬毛，叶脉隆起；头状花序顶生，花黄色，芳香；总花梗粗壮，密被长绢毛；苞片披针形，长可达 3 cm；花被筒状，长 10~12 mm，外面被绢状长柔毛，裂片 4，花瓣状，卵形，平展；雄蕊 8，二轮，着生于花被筒上部，花丝极短，花药长椭圆形；子房椭圆形，无柄，仅上部被柔毛；花柱细长，柱头线状圆柱形，被柔毛；核果卵形，果皮革质；花期 4~5 月；果期 9~10 月。

225 芫花 *Daphne genkwa* Sieb. et Zucc.

落叶灌木，高 30~100 cm；枝细长，幼枝密被淡黄色绢状毛，老枝无毛；叶对生或偶为互生，纸质，椭圆状长圆形至卵状披针形，长 3~4 cm，宽 1~1.5 cm，先端尖，基部楔形，全缘，上面疏被绢状毛，或无毛，下面被淡黄色绢状毛，沿中脉较密；叶柄短，被绢毛；花先叶开放，淡紫色或淡紫红色，3~7 朵成簇腋生；花被筒状，长约 15 mm，外面密被绢状毛，裂片 4，卵形，长 5 mm，顶端圆形；雄蕊 8，两轮，几乎无花丝，分别着生于花被筒中部及上部；花盘杯状；子房卵形，长 2 mm，密被淡黄色柔毛；花柱无或极短，柱头头状；核果白色，卵状长圆形，长约 7 mm，内含种子 1 粒；花期 4~5 月；果期 5~6 月。

65. 胡颓子科 Elaeagnaceae

226 披针叶胡颓子 *Elaeagnus lanceolata* Warb.

常绿灌木,高约 4 m;叶革质,披针形或椭圆状披针形,长 5~12 cm,宽 1.5~3.6 cm,顶端渐尖,基部圆形,全缘,反卷,表面绿色,有光泽,背面银灰色,被白色鳞片,散生褐色斑点,叶柄长 5~7 mm;花下垂,淡黄白色,常 3~5 朵生叶腋成短总状花序;花梗长 3~5 mm;花被筒长 5~6 mm;裂片 4,宽三角形,长 2~3 mm,内面疏生白色星状鳞毛;雄蕊 4;花柱无毛或有毛;果实椭圆形,长 11~15 mm,直径 5~6 mm,成熟时红褐色,被银色和锈色鳞片;花期 8~10 月;果期次年 4~5 月。

227 秋胡颓子 *Elaeagnus umbellata* Thunb.

落叶灌木，高达 4 m，常具刺；幼枝密被银白色鳞片；叶纸质，椭圆形至倒卵状披针形，长 3~8 cm，顶端钝尖，基部楔形或圆形，表面有时有银白鳞片，上面灰白色，被鳞片，侧脉 5~7 对；叶柄银白色，长 5~7 mm；花先叶开放，黄白色，芳香，2~7 朵丛生新枝基部；花梗长 3~6 mm；花被筒漏斗形，长 5~7 mm，上部 4 裂，裂片卵状三角形；雄蕊 4；花柱直立，疏生白色星状柔毛；核果球形，直径 5~7 mm，被银白色鳞片，成熟时红色；花期 4~5 月；果期 7~8 月。

228 翅果油树 *Elaeagnus mollis* Diels

落叶乔木，高 11 m，胸径达 1 m；树皮深灰色，深纵裂；1 年生枝灰绿色，密被银灰色星状毛及鳞片；叶互生，卵形或卵状椭圆形，长 6~9 cm，宽 2~5 cm，全缘，顶端钝尖，下面密被灰白色星状柔毛，侧脉 10~12 对；叶柄长 6~15 mm，密被灰白色柔毛；花两性，淡黄绿色，1~3 花生于新枝基部叶腋，花梗长 3~4 mm，无花瓣；萼筒钟形，具 8 棱脊，长 5~8 mm，直径 5 mm，在子房上面稍向内收缩，顶端 4 裂，裂片近三角形，长约 4 mm；雄蕊 4，花丝短；子房上位，纺锤形，1 室，含 1 枚胚珠，花柱细长，有绒毛，柱头头状；果实核果状，干棉质，近圆形或宽椭圆形，有 8 个翅状棱脊，多毛；种子纺锤形，富含油脂；花期 4~5 月；果期 8~9 月。

229 沙枣 *Elaeagnus angustifolia* Linn.

落叶灌木或小乔木，高 5~10 m；幼枝被银白色鳞片，老枝栗褐色；叶矩圆状披针形至狭披针形，长 4~8 cm，顶端尖或钝，基部宽楔形，两面均有白色鳞片，背面较密，成银白色，侧脉不显著，叶柄长 5~8 mm；花银白色，芳香，外侧被鳞片，1~3 朵生小枝下部叶腋；花被筒钟形，长 5 mm，上端 4 裂，裂片长三角形；雄蕊 4；花柱上部扭转，基部为筒状花盘包被；果实矩圆状椭圆形，或近圆形，直径 8~11 mm，密被银白色鳞片；花期 5~6 月；果期 9 月。

230 中国沙棘 *Hippophae rhamnoides* Linn. subsp. *sinensis* Rousi

落叶灌木或乔木，高 1~5 m，生于山地沟谷的可达 10 m 以上，甚至 18 m；老枝灰黑色，顶生或侧生许多粗壮直伸的棘刺，幼枝密被银白色带褐锈色的鳞片，呈绿褐色，有时具白色星状毛；单叶，狭披针形或条形，先端略钝，基部近圆形，上面绿色，初期被白色盾状毛或柔毛，下面密被银白色鳞片而呈淡白色，叶柄长 1~1.5 mm；雌雄异株；花序生于去年小枝上，雄株的花序轴脱落，雌株花序轴不脱落而变为小枝或棘刺；花先叶开放，淡黄色，雄花先开，无花梗，花萼 2 裂，雄蕊 4，雌花后开，单生于叶腋，具短梗，花萼筒囊状，2 齿裂；果实为肉质化的花萼筒所包围，圆球形，橙黄或橘红色；种子小，卵形，有时稍压扁，黑色或黑褐色，种皮坚硬，有光泽；花期 4~5 月；果期 9~10 月。

66. 千屈菜科 Lythraceae

231 紫薇 *Lagerstroemia indica* Linn.

落叶小乔木或灌木，高达 6 m；树皮褐色或棕色，光滑；幼枝具 4 棱；树干弯曲；叶对生，上部叶近互生，倒卵形，椭圆形或长椭圆形，长 2~7 cm，宽 1~4 cm，先端圆面微凸，基部宽楔形，全缘，近无毛或沿下面中脉上有毛；圆锥花序顶生，无毛；花淡红色，紫色或白色；花萼半球形，绿色，平滑无毛，顶端 6 浅裂；花瓣 6，近圆形，呈皱缩状，边缘有不规则的缺刻，基部具长爪；雄蕊多数，生于萼筒基部，排列在外轮的 6 枚特长；子房上位，6 室，有长花柱，柱头稍大；蒴果近球形，6 瓣裂，基部具宿存花萼；种子有翅；花期 7~8 月；果期 9~10 月。

232 川黔紫薇 *Lagerstroemia excelsa*（Dode）Chun ex s. Lee et L. Lau

落叶大乔木，高 20~30 m，胸径可达 1 m；树皮灰褐色，成薄片状剥落；叶对生，膜质，椭圆形或宽椭圆形，长 7~13 cm，宽 3.5~5 cm，上面无毛，下面初时被柔毛，后仅沿叶脉处宿存，侧脉在近叶缘处汇合成边脉，网脉在两面均突起，叶柄被短柔毛；圆锥花序长 11~30 cm，分枝具 4 棱，密被灰褐色星状柔毛；花小，多而密，黄白色，（5~）6 茎数，花芽近球形，被柔毛；花萼长 2 mm，有不明显的脉纹 12 条，初被星状短柔毛，后变无毛，裂片三角形，内面无毛，附属体小，直立；花瓣宽三角状长圆形；子房球形；蒴果球状卵形，长 3.5~5 mm；花期 4 月；果期 7 月。

67. 石榴科 Punicaceae

233 石榴 *Punica granatum* Linn.

落叶灌木或小乔木，高 2~7 m；幼枝近圆形或近于四棱形，枝端通常呈刺状，光滑无毛；叶对生或簇生，倒卵形或长椭圆形，长 2.5~6 cm，宽 1~1.8 cm，先端渐尖或微凹，基部渐狭，全缘，上面有光泽，无毛，下面中脉隆起，叶柄短；花 1 至数朵，顶生或腋生，两性；花梗短，长 2~3 mm；花萼钟形，红色，质厚，顶端 5~7 裂，裂片三角状卵形；花瓣 5~7，生于萼筒内，倒卵形，稍高出花萼裂片，通常红色，少有白色；雄蕊多数，花丝细弱；子房下位，上部 6 室为侧膜胎座，下部 3 室为中轴胎座花柱圆柱形，柱头头状；浆果近球形，果皮厚，顶端有宿存花萼；种子多数，有肉质外种皮；花期 5~6 月；果期 7~8 月。

68. 蓝果树科 Nyssaceae

234 珙桐 *Davidia involucrate* Baill.

落叶乔木；叶互生，纸质，宽卵形，边缘有尖锯齿；花杂性，由多数雄花和一朵两性花组成顶生头状花序；核果肉质，椭圆形或矩状卵形，表紫色，有黄褐色小斑点；花期 4~5 月；果期 9~10 月。

69. 八角枫科 Alangiaceae

235 八角枫 *Alangium chinense* (Lour.) Harms

落叶灌木或小乔木；树皮褐色，平滑；叶互生，纸质，叶长 8~20 cm，宽6~13 cm，基部两侧不对称，全缘或 2~3 裂，主脉 3~5；花两性，二歧聚伞花序；花萼管钟形，萼齿 6~8，口缘有纤毛；花瓣 6~8，初时白色，后变乳黄色，条形；雄蕊 6~8，花丝短而扁，有柔毛，子房下位，2 室，柱头 3 裂；核果卵圆形，熟时黑色，顶端萼齿及花盘宿存；花期 6~7 月；果期 9~10 月。

236 瓜木 *Alangium platanifolium* (Sieb. et Zucc.) Harms.

落叶灌木或小乔木，高 5~7 m；树皮平滑，灰色，小枝细圆柱形，常略呈“之”形弯曲；叶互生，纸质，近圆形，稀阔卵形或倒卵形，长 11~13(~18) cm，宽 8~11(~18) cm，不分裂或稀分裂，先端钝尖，基部近心形或圆形，边缘波状或钝锯齿状，两面沿脉或脉腋幼时有柔毛，主脉 3~5 条；叶柄长 3.5~5(~10) cm；聚伞花序腋生，长 3~3.5 cm，有 3~5 花；花萼近钟形，外被稀疏短柔毛，裂片 5，三角形；花瓣 6~7，线形，紫红色，外被短柔毛，近基部较密，长 2.5~3.5 cm，宽 1~2 mm，基部粘合，上部开放时反卷；雄蕊 6~7，较花瓣短，花丝扁平，长 8~14 mm，微有短柔毛，花药长 1.5~2.1 cm，药隔外面无毛或有疏柔毛；花盘肥厚，近球形，微现裂痕；子房 1 室，花柱粗壮，长 2.6~3.6 cm，柱头扁平；核果长卵形或长椭圆形，长 8~12 mm，直径 4~8 mm，顶端有宿存花萼裂片；种子 1 枚；花期 3~7 月；果期 7~9 月。

70. 五加科 Araliaceae

237 常春藤 *Hedera nepalensis* K. Koch var. *sinensis* Rehd.

常绿攀缘灌木，长达 20 m；茎上有气生根；叶互生，革质，光滑，二型；在不育枝上通常为三角状卵形至三角状长圆形，全缘或三裂，花枝和果枝的叶椭圆状卵形至椭圆状披针形；伞形花序，单生或 2~7 排列成顶生圆锥花序，花淡黄色或淡绿白色；果实球形，熟时红色或黄色；花期 8~9 月；果期次年 3~5 月。

238 楤木 *Aralia chinensis* Linn.

落叶乔木或灌木，高达 8 m；茎直立，通常具针刺；叶为二回或三回奇数羽状复叶；叶柄粗壮，长达 50 cm；羽片有小叶 5~11，基部另有小叶一对；小叶卵形至阔卵形，长 5~12 cm，宽 3~8 cm，边缘有锯齿；花由多数小伞形花序组成大型圆锥花序，白色，芳香；花期 7~9 月；果期 9~12 月。

239 八角金盘 *Fatsia japonica*（Thunb.）Decne. et Planch.

常绿灌木或小乔木，常成丛生状；单叶互生，近圆形，宽 12~30 cm，掌状 7~11 深裂，缘有齿，革质，表面深绿色而有光泽；叶柄长，基部膨大，无托叶；花小，乳白色；球状伞形花序聚生成顶生圆锥状复花序；花期 10~11 月；果期次年 4 月。

240 倒卵叶五加 *Acanthopanax obovatus* Hoo

落叶直立灌木；小枝无毛，节上有刺 1~2 个；刺细长，下弯，基部不膨大；叶有 5 小叶，在长枝上互生，在短枝上簇生；叶柄细长，长 2.5~5 cm，有时枝上部的近于无柄，无毛，无刺；小叶片纸质，倒卵形，先端尖，基部楔形，长 2.5~5 cm，宽 1.5~2 cm，两面均无毛，下面黄绿色或灰白色，边缘近全缘或先端有数个锯齿，侧脉约 4 对，不甚明显，网脉上面下陷，明显，下面不明显；无小叶柄或几无小叶柄；伞形花序 1~2 个或几个顶生在长枝上或短枝上，直径 3~4 cm，有花多数；总花梗长 2~6 cm，无毛；花瓣 5，三角状卵形；雄蕊 5，花丝长约 2 mm；子房 5 室；花柱全部合生成柱状，长约 0.6 mm；果实椭圆状卵球形；花期 7~8 月；果期 9~10 月。

241 无梗五加 *Acanthopanax sessiliflorus* (Rupr. & Maxim.) Seem.

落叶灌木或小乔木状，高 2~5 m；树皮暗灰色或灰黑色，有纵裂纹和粒状裂纹；枝灰色，无刺或疏生刺；刺粗壮，直或弯曲；叶有小叶 3~5，叶柄长 3~12 cm，无刺或有小刺；小叶片纸质，倒卵形或长圆状倒卵形至长圆状披针形，侧脉 5~7 对，明显，网脉不明显，小叶柄长 2~10 mm；头状花序紧密，球形，直径 2~3.5 cm，有花多数组成顶生圆锥花序或复伞形花序；总花梗长 0.5~3 cm，密生短柔毛；花无梗；萼密生白色绒毛，边缘有 5 小齿；花瓣 5，卵形，浓紫色，长 1.5~2 mm，外面有短柔毛，后毛脱落；子房 2 室，花柱全部合生成柱状，柱头离生；果实倒卵状椭圆球形，黑色，长 1~1.5 cm，稍有棱，宿存花柱长达 3 mm；花期 8~9 月；果期 9~10 月。

242 蜀五加 *Acanthopanax setchuenensis* Harms ex Diels

落叶灌木，高达 4 m；枝无刺或节上有一至数个细长直刺；叶有小叶 3，稀 4~5；叶柄长 3~12 cm；小叶片革质，长圆状椭圆形至长圆状卵形，长 5~12 cm，宽 2~6 cm，先端短渐尖，基部宽楔形，上面深绿色，下面灰白色，无毛，边缘疏生不整齐的锯齿，侧脉约 8 对，上面不及下面明显；小叶柄长 3~10 mm，无毛；伞形花序单个顶生，有花多数；总花梗长 3~10 cm；花梗长 0.5~2 cm；花白色；萼无毛，边缘有 5 小齿；花瓣 5，三角状卵形、开花时反曲；雄蕊 5；子房 5 室，花柱全部合生成柱状；果实球形，有 5 棱，黑色，花柱宿存；花期 5~8 月；果期 8~10 月。

243 刺楸 *Kalopanax septemlobus* (Thunb.) Koidz.

落叶乔木,高 10~15 m;枝干有粗大硕刺;单叶互生,叶片横径 7~20 cm,掌状 5~7 裂,裂片三角状卵圆形至椭圆状卵形,顶端渐尖或长尖,边缘有细锯齿,无毛或背面基部脉腋有毛,叶柄长 6~30 cm;花白色或淡黄绿色;果球形,径约 5 mm,成熟时蓝黑色;花期 7~8 月;果期 10~11 月。

244 通脱木 *Tetrapanax papyrifer* (Hook.) K. Koch

落叶灌木，无刺，高 1~3.5 m；茎髓大，白色，纸质；叶大，集生茎顶，直径 50~70 cm，基部心形，掌状 5~11 裂，裂片浅或深达中部，每一裂片常又有 2~3 个小裂片，全缘或有粗齿，上面无毛，下面有白色星状绒毛；叶柄粗壮，长 30~50 cm；托叶膜质，锥形，基部合生，有星状厚绒毛；伞形花序聚生成顶生或近顶生大型复圆锥花序，长达 50 cm 以上；苞片披针形，密生星状绒毛；花白色；萼密生星状绒毛，全缘或几全缘；花瓣 4，稀 5；雄蕊 4，稀 5；子房下位，2 室；花柱 2，分离，开展；果球形，熟时紫黑色，直径约 4 mm；花期 10~12 月；果期次年 1~2 月。

71. 山茱萸科 Cornaceae

245 有齿鞘柄木 *Toricellia angulata* Oliv. var. *intermedia* (Harms.) Hu

落叶乔木,高达 15 m;小枝粗壮,圆筒形,初微被短柔毛;叶膜质,掌状 5~7 裂或更多,裂片具骤尖或短渐尖,缘具不整齐齿牙,基部呈凹状心形,长宽各 7.5~20 cm,表面几光滑,脉上常被短柔毛,背面光滑,仅脉上微被稀硫短柔毛或几光滑,脉腋常被簇毛,柄长 3.7~20 cm,基部膨大,半抱茎;雌圆锥花序顶生,花多,被短柔毛,苞片披针形,渐尖,花梗短,子房 3 室,各具 1 胚珠,退化雌蕊具 1 平展花盘;雄圆锥花序多枝,下垂,长 6~10 cm,顶生,中轴微被短柔毛,苞片小,披针形或不整齐卵状披针形,光滑,花梗中部具 2 小苞,萼管几截形,齿极短或不显,花瓣长圆状披针形,雄蕊花丝短,长约 1 mm;果实卵形,长 6 mm;花期 5 月;果期 6 月。

246 灯台树 *Bothrocaryum controversum*（Hemsl.）Pojark.

落叶乔木，高 6~15（~20）m；树皮暗灰色；枝条紫红色，无毛；叶互生，宽卵形或宽椭圆形，长 6~13 cm，宽 3.5~9 cm，顶端渐尖，基部圆形，上面深绿色，下面灰绿色，疏生贴伏的柔毛，侧脉 6~7 对，叶柄长 2~6.5 cm；伞房状聚伞花序顶生，稍被贴伏的短柔毛；花小，白色；萼齿三角形；花瓣 4，长披针形；雄蕊伸出，长 4~5 mm，无毛；子房下位，倒卵圆形，密被灰色贴伏的短柔毛；核果球形，紫红色至蓝黑色，直径 6~7 mm；花期 5~6 月；果期 7~8 月。

247 梾木 *Cornus macrophylla* Wall.

落叶乔木或灌木，高达 15 m；1 年生枝条赤褐色，疏生柔毛，有棱；叶对生，椭圆状卵形至长圆形，长达 16 cm，宽 4~8 cm，顶端渐尖，基部宽楔形，侧脉 6~8 对，叶柄长 1.5~4 cm；顶生二歧聚伞花序圆锥状，花小，白色或黄色；萼齿三角形，外面有柔毛；花瓣长圆形至长圆状被针形；雄蕊 4；花柱短，棍棒形，宿存；核果球形，熟时蓝黑色；花期 7~8 月；果期 10 月。

248 毛梾 *Cornus walteri* Wanger.

落叶乔木，高 6~15 m；树皮厚，黑褐色，纵裂而又横裂成块状；冬芽腋生，扁圆锥形，长约 1.5 mm，被灰白色短柔毛；叶对生，纸质，椭圆形、长圆椭圆形或阔卵形，先端渐尖，基部楔形，有时稍不对称；伞房状聚伞花序顶生，花密，被灰白色短柔毛；花白色，有香味；花萼裂片 4，绿色，齿状三角形；花瓣 4，长圆披针形，上面无毛，下面有贴生短柔毛；雄蕊 4，花药淡黄色，长圆卵形，2 室，丁字形着生；花柱棍棒形，长 3.5 mm，被有稀疏的贴生短柔毛，柱头小，头状，子房下位；核果球形，直径 6~7(~8) mm，成熟时黑色，近于无毛；核骨质，扁圆球形，直径 5 mm，高 4 mm，有不明显的肋纹；花期 5 月；果期 9 月。

249 山茱萸 *Macrocarpium officinale*(Sieb. & Zucc.) Nakai

落叶灌木或小乔木;老枝黑褐色,嫩枝绿色;叶对生,卵状椭圆形或卵形,长 5~12 cm,宽约 7.5 cm,顶端尖,基部浑圆或楔形,表面疏生柔毛,背面毛较密,侧脉 6~8 对,脉腋有黄褐色短柔毛;叶柄长约 1 cm,有平贴毛;伞形花序腋生,先叶开花,有 4 个小型苞片,卵圆形,褐色,花黄色;花萼 4 裂,裂片宽三角形;花瓣 4,卵形;花盘环状,肉质;核果椭圆形,成熟时红色;花期 5~6 月;果期 8~10 月。

250 尖叶四照花 *Dendrobenthamia angustata*（Chun）Fang

常绿乔木或灌木，高 4~12 m；幼枝被白色贴生短柔毛；叶对生，革质，长椭圆形，稀卵状椭圆形或披针形，长 7~9（~12）cm，宽 2.5~4.2（~5）cm，先端渐尖，基部楔形，全缘，上面嫩时被白色细伏毛，下面灰绿色，密被白色贴生短柔毛，侧脉 3~4 对，弓形内弯，有时脉腋有簇生白色细毛；叶柄长 8~12 cm，嫩时被细毛；头状花序近球形，直径约 8 mm；总苞片 4，白色，卵形，长 2.5~3.5 cm，宽 1~2.2 cm；花萼筒状，上部 4 裂，外面有白色细伏毛，内面上半部密被白色短柔毛；花瓣 4，黄色，卵圆形，长约 2.8 mm，宽约 1.5 mm，下面有白色贴生短柔毛；雄蕊 4，较花瓣短；花盘环状，略 4 浅裂；子房下位，花柱长约 1 mm，密被白色丝状毛；核果多数，集成肉质球形的聚合果，熟时红色，被白色伏毛；花期 6~7 月；果期 10~11 月。

251 青荚叶 *Helwingia japonica* (Thunb.) Dietr.

落叶灌木，高 1~3 m；叶卵形，长 3.5~9 cm，边缘具腺质锯齿；雌雄异株，花小，黄绿色，雄花 2~12 朵，雌花 1~3 朵簇生于叶面主脉中部或近基部，或生于幼枝的叶腋；浆果近球形，蓝黑色；花期 4~5 月；果期 8~9 月。

252 中华青荚叶 *Helwingia chinensis* Batal.

半常绿灌木，幼枝紫绿色；叶革质或近革质，条状披针形或披针形，先端渐尖，基部楔形，中部以上疏生腺齿；雌雄异株，花小，淡绿色；雄花序具花 6~12 朵；雌花 1~3 朵簇生于叶面中脉基部；果长圆形；花期 4~5 月；果期 8~9 月。

253 红瑞木 *Cornus alba* Linnaeus

落叶灌木，树皮紫红色，老枝红白色；叶对生，纸质，椭圆形，侧脉4~5(~6)对，弓形内弯，在上面微凹下，下面凸出；伞房状聚伞花序顶生，花小，白色或淡黄白色；花瓣4，卵状椭圆形；雄蕊4；核果长圆形，成熟时乳白色或蓝白色，花柱宿存；花期6~7月；果期8~10月。

72. 杜鹃花科 Ericaceae

254 照山白 *Rhododendron micranthum* Turcz.

常绿灌木，高 1~2 m；幼枝具褐色鳞片，疏被柔毛，呈棕褐色；单叶互生，密集枝端；叶柄长 2~5 mm；叶片革质，长椭圆形，有时倒披针形，基部楔形，疏生浅齿或近全缘，上面光滑，下面密被棕灰色星状鳞片；夏季开白花，十余朵密集成顶生短总状花序，花梗较叶柄为长；花萼 5 裂，外被鳞片和短毛；花冠钟形，径约 1 cm，5 裂较深，裂片卵状椭圆形，先端钝圆，外面被鳞片；雄蕊 10 个，花药顶孔开裂，花丝长；蒴果长圆形，长 5~8 mm，棕色，外被鳞片，熟后 5 裂；花期 5~6 月；果期 8~11 月。

255 粉白杜鹃 *Rhododendron hypoglaucum* Hemsl.

常绿大灌木，高约 3~10 m；树皮灰白色，有裂纹及层状剥落；幼枝淡绿色，光滑无毛；叶常 4~7 枚密生于枝顶，革质，椭圆状披针形或倒卵状披针形，上面绿色，光滑无毛，下面被银白色薄层毛被，紧贴而有光泽；总状伞形花序，有花 4~9 朵；花冠乳白色稀粉红色，漏斗状钟形，长 2.5~3.5 cm，管口直径 3 cm，基部狭窄，有深红色至紫红色斑点，5 裂，裂片近圆形；蒴果圆柱形，无毛，成熟后常 6 瓣开裂；花期 4~5 月；果期 7~9 月。

256 美容杜鹃 *Rhododendron calophytum* Franch.

常绿乔木，高可达 10 m 左右；枝粗壮，幼时被白色绵毛，后脱落，老枝有叶痕，暗灰色，无毛；叶厚革质，长圆状倒披针形或长圆状卵形，长 18~30 cm，宽 5~7(~8) cm，先端圆或钝尖，基部楔形，表面暗绿色，无毛，背面淡绿色，网脉细而明显，幼时仅中脉有绵毛，后脱落无毛；叶柄粗壮，长 2~2.5 cm，无毛；短总状伞形花序，顶生；总花梗散生白色柔毛，着花 15~20 朵；花梗长 3~5 cm，无毛；花萼小，5 裂，裂片三角形；花冠长 5~6 cm，宽钟状，5~7 裂，裂片不相等，白色或淡粉红色，内面具深红色斑点；雄蕊 13~20 枚，长 1~3 cm，内藏，花丝下部有白色柔毛；子房无毛；花柱无毛，柱头盘形。蒴果长圆形，长 1.5~2.5(~3) cm，无毛；花期 4~5 月；果期 6 月。

73. 柿树科 Ebenaceae

257 柿树 *Diospyros kaki* Thunb

落叶大乔木；树皮深灰色至灰黑色，或者黄灰褐色至褐色，沟纹较密，裂成长方块状；树冠球形或长圆球形；枝开展，带绿色至褐色，无毛，散生纵裂的长圆形或狭长圆形皮孔；冬芽小，卵形，先端钝；叶纸质，卵状椭圆形至倒卵形或近圆形，先端渐尖或钝，基部楔形；聚伞花序，腋生；花冠钟状；花药椭圆状长圆形，顶端渐尖，药隔背部有柔毛，退化子房微小；子房近扁球形，8 室，每室有胚珠 1 颗；花柱 4 深裂，柱头 2 浅裂；种子褐色，椭圆状，侧扁；宿存萼在花后增大增厚，4 裂，方形或近圆形，近平扁，厚革质或干时近木质；裂片革质，两面无毛，有光泽；果柄粗壮；花期 5~6 月；果期 9~10 月。

258 君迁子 *Diospyros lotus* Linn.

落叶乔木，高 5~10 m；树皮暗褐色，深裂成方块状；幼枝有灰色柔毛；叶椭圆形至长圆形，长 6~12 cm，宽 3~6 cm，表面密生柔毛后脱落，背面灰色或苍白色，脉上有柔毛；花淡黄色或淡红色，单生或簇生叶腋；花萼密生柔毛，4 深裂，裂片卵形；果实近球形，直径 1~1.5 cm，熟时蓝黑色，有白蜡层，近无柄；花期 5 月；果期 10~11 月。

74. 野茉莉科(安息香科) Styracaceae

259 老鸹铃 *Styrax hemsleyanus* Diels

落叶乔木,高 6~10 m;树皮褐色;叶两型,小枝的下部 2 叶较小而近对生,上部的叶互生,矩圆状椭圆形至倒卵状椭圆形,长 7~15 cm,宽 3~9 cm,脉在下面隆起,第三级小脉近于平行,在叶下面和叶柄上疏生有柄的星状毛;花长约 2 cm,成长达 13 cm 的总状花序;花冠裂片 5;果近球形,顶具凸尖;种子表面近平滑;花期 5~6 月;果期 7~9 月。

260 郁香野茉莉 *Styrax odoratissimus* Champ.

落叶小乔木，高达 10 m；叶互生，卵形或卵状椭圆形，长 4~15 cm，先端渐尖或尾尖，基部宽楔形或圆，全缘或上部有疏齿，幼叶两面无毛或疏被星状柔毛，老叶下面脉腋被白色星状长柔毛，余无毛或有时密被黄色星状柔毛，叶柄长 0.5~1 cm；总状或圆锥花序长 5~8 cm，花白色，长 1.2~1.5 cm，花梗长 1.5~1.8 cm；小苞片钻形，长约 3 mm；花萼杯状，长宽均约 5 mm，膜质，顶端平截、波状或齿裂；花冠裂片椭圆形或倒卵状椭圆形，长 0.9~1.1 cm，覆瓦状排列；雄蕊较花冠短，花丝扁平，中部弯曲，全部密被星状柔毛；果近球形，径 0.8~1 cm，顶端具弯喙；种子卵形，密被褐色鳞片状毛和瘤状突起，稍具皱纹；花期 3~4 月；果期 6~9 月。

261 小叶白辛树 *Pterostyrax corymbosus* Sieb. et Zucc.

落叶乔木，高达 15 m，胸径约 45 cm；嫩枝密被星状短柔毛，老枝无毛；叶纸质，倒卵形、宽倒卵形或椭圆形，边缘有锐尖的锯齿，嫩叶两面均被星状柔毛，尤以背面被毛较密，成长后上面无毛，下面稍被星状柔毛；圆锥花序伞房状，花白色，花梗极短，长 1~2 mm，花萼钟状，5 脉，顶端 5 齿；花冠裂片长圆形，长约 1 cm，花蕾时作覆瓦状排列；雄蕊 10 枚；果实倒卵形，5 翅，密被星状绒毛，喙圆锥状；花期 3~4 月；果期 5~9 月。

75. 木樨科 Oleaceae

262 白蜡树 *Fraxinus chinensis* Roxb.

落叶乔木，高可达 15 m；小枝灰褐色，无毛；小叶 5~9 个，通常 7 个，无柄或有短柄，椭圆形或椭圆状卵形，长 3.5~10 cm，宽 1.7~5 cm，顶端渐尖或钝，基部宽楔形，边缘有不整齐锯齿或波状，两面无毛或背面沿脉有短柔毛；圆锥花序侧生或顶生当年枝条上，无毛；花萼钟状，不规则分裂；无花瓣；翅果倒披针形，长 2.8~3.5 cm，宽 4~5 mm，顶端尖、钝或微凹；花期 4~5 月；果熟期 8~9 月。

263 连翘 *Forsythia suspensa* (Thunb.) Vahl.

落叶灌木，高可达 3 m；杆丛生，直立；枝展开，拱形下垂，小枝黄褐色，小枝呈四棱形，有凸起的皮孔，节间中空；单叶或三小叶，卵形至长椭圆状卵形，上端有整齐的锯齿，下部全缘；花先叶开放，1~3 朵腋生，花冠深四裂，鲜黄色，有橘红色条纹；蒴果扁平；花期 3~4 月；果期 7~9 月。

264 金钟花 *Forsythia viridissima* Lindl.

落叶灌木，高达 3 m；小枝近方形，髓呈薄片状；叶对生，叶片椭圆状矩圆形至披针形，稀倒卵状矩圆形，长 3.5~11 cm，宽 1~3 cm，先端锐尖，基部楔形，边缘上半部有粗锯齿，有的几全缘，两面无毛；叶柄长 6~12 mm；花先于叶开放，1~3 花腋生；花萼 4 深裂，裂片卵形，长约为花冠筒的一半，被缘毛；花冠裂片 4，矩圆形，长 10~15 mm，宽 3~7 mm，深黄色，反卷；雄蕊 2 枚，着生于花冠筒基部；子房上位，2 室，柱头 2 裂；蒴果卵形，长约 1.5 cm，顶端呈喙状，表面散生瘤点，熟时 2 瓣裂；花期 3~4 月；果期 5~6 月。

265 流苏树 *Chionanthus retusus* Lindl.

落叶乔木，高可达 20 m；树皮灰褐色，纵裂；小枝灰褐色，嫩时有短柔毛，枝皮常卷裂；单叶，对生，近革质，椭圆形、长椭圆形或椭圆状倒卵形，长 4~12 cm，宽 2~6.5 cm，先端钝圆、急尖或微凹，基部宽楔形或圆形，全缘或幼树及萌枝的叶有细锐锯齿，上面无毛，下面沿脉及叶柄处密生黄褐色短柔毛，或后近无毛，叶柄长 1~2 cm，有短柔毛；圆锥花序顶生，长 6~12 cm，有花梗，花白色，雌雄异株，花萼 4 深裂，裂片披针形，长约 1 mm；花冠 4 深裂近基部，裂片条状倒披针形，长 1~2 cm，宽 1.5~2.5 mm，冠筒长 2~3 mm；雄蕊 2，花丝极短；雌花花柱短，柱头 2 裂，子房 2 室，每室有胚珠 2；核果椭圆形，长 10~15 mm，熟时蓝黑色；花期 4~5 月；果期 9~10 月。

266 暴马丁香 *Syringa reticulata* subsp. *amurensis* (Rupr.) P. S. Green et M. C. Chang

落叶灌木或小乔木，高 3~6 m；树皮暗褐色；冬芽小，卵圆形，被多数鳞片；枝直立而开展，灰色、黄色、黄褐色，有皮孔，无毛；叶对生，近革质，圆形、卵形或卵状披针形，长 4~8(12) cm，宽 2.5~6.5 cm，先端急尖、渐尖或钝，基部通常圆形或截形，全缘，有缘毛或无毛，表面深绿色，有光泽，无毛，背面灰绿色，无毛或疏生短柔毛，脉表面不明显，背面凸起，网状，叶柄长 1~2 cm；圆锥花序大而花密集，长 10~15 cm；花梗无毛或散生疏短柔毛，花黄白色；花萼小，钟形，无毛或被短柔毛，长约 1 mm，缘波状或具不规则的 4 锯齿；冠筒短，略比花萼长或短，檐部裂片卵形，先端尖或钝；雄蕊外露，花丝细长，长为檐部裂片的 2 倍；子房 2 室；蒴果长圆形，长 1~2 cm，先端急尖，平滑或有皮孔状疣状突起，淡黄褐色或黑色；种子长圆形，扁平，长 0.8~1.8 cm，周围具膜质翅；花期 6 月；果期 8 月。

267 北京丁香 *Syringa pekinensis* Rupr.

落叶大灌木或小乔木，高 2~5 m，可达 10 m；树皮褐色或灰棕色，纵裂；小枝带红褐色，细长，向外开展，具显著皮孔，萌枝被柔毛；叶片纸质，卵形、宽卵形至近圆形，或为椭圆状卵形至卵状披针形，长 2.5~10 cm，宽 2~6 cm，先端长渐尖、骤尖、短渐尖至锐尖，基部圆形、截形至近心形，或为楔形，上面深绿色，干时略呈褐色，无毛，侧脉平，下面灰绿色，无毛，稀被短柔毛，侧脉平或略凸起；叶柄长 1.5~3 cm，细弱，无毛，稀有被短柔毛；花序由 1 对或 2 至多对侧芽抽生，长 5~20 cm，宽 3~18 cm，栽培的更长而宽；花序轴、花梗、花萼无毛；花序轴散生皮孔；花梗长 0~1 mm；花萼长 1~1.5 mm，截形或具浅齿；花冠白色，呈辐状，长 3~4 mm，花冠管与花萼近等长或略长，裂片卵形或长椭圆形，长 1.5~2.5 mm，先端锐尖或钝，或略呈兜状；花丝略短于或稍长于裂片，花药黄色，长圆形，长约 1.5 mm；果长椭圆形至披针形，长 1.5~2.5 cm，先端锐尖至长渐尖，光滑，稀疏生皮孔；花期 5~8 月；果期 8~10月。

268 花叶丁香 *Syringa × persica* L.

落叶灌木，高 2~3 m；树皮灰褐色；小枝开展，无毛，有皮孔；叶对生，纸质或革质；不分裂或稀 3 裂或羽状分裂，椭圆形或长圆形，长 2~4(~6) cm，宽 1~2 cm，先端渐尖，基部楔形或下延渐狭，全缘，表面暗绿色，背面灰绿色，中脉表面凹下，背面凸起，侧脉表面不明显，背面稍凸起，有小黑点，无毛；圆锥花序由侧芽和顶芽生出，下部花枝较短，长 10~15 cm；花梗无毛；花淡紫色或白色，芳香；花萼钟形，长约 2 mm，先端 4 裂，裂片宽三角形；冠筒细长，圆柱状，长约 1 cm，檐部裂片宽卵形至卵状披针形，先端微尖；雄蕊 2 枚，内藏，着生于冠筒中上部；子房 2 室，柱头 2 裂；蒴果长圆形，暗褐色，具 4 棱，长约 1 cm，径约 3 mm，先端钝或有短喙，无毛；种子线状梭形，背部具脊，长 8 mm，先端钝；花期 5 月；果期 8 月。

269 紫丁香 *Syringa oblata* Lindl.

落叶灌木或小乔木，高可达 5 m；树皮灰褐色或灰色；小枝、花序轴、花梗、苞片、花萼、幼叶两面以及叶柄均无毛而密被腺毛，小枝较粗，疏生皮孔；叶片革质或厚纸质，卵圆形至肾形，宽常大于长，长 2~14 cm，宽 2~15 cm，先端短凸尖至长渐尖或锐尖，基部心形、截形至近圆形，或宽楔形，上面深绿色，下面淡绿色；萌枝上叶片常呈长卵形，先端渐尖，基部截形至宽楔形，叶柄长 1~3 cm；圆锥花序直立，由侧芽抽生，近球形或长圆形，长 4~16(~20) cm，宽 3~7(~10) cm；花梗长 0.5~3 mm；花萼长约 3 mm，萼齿渐尖、锐尖或钝；花冠紫色，长 1.1~2 cm，花冠管圆柱形，长 0.8~1.7 cm，裂片呈直角开展，卵圆形、椭圆形至倒卵圆形，长 3~6 mm，宽 3~5 mm，先端内弯略呈兜状或不内弯；花药黄色，位于距花冠管喉部 0~4 mm 处；果倒卵状椭圆形、卵形至长椭圆形，长 1~1.5(~2) cm，宽 4~8 mm，先端长渐尖，光滑；花期 4~5 月；果期 6~10 月。

270 白丁香 *Syringa oblata* var. *alba* Hort. et Rehd.

落叶灌木，高 4~5 m；叶较原种（紫丁香）小，卵圆形或肾脏形，先端锐尖，纸质，单叶对生，全缘，叶面有疏生绒毛；花白色，芳香，有单瓣、重瓣之别，花端四裂，筒状，呈圆锥花序；蒴果长圆形，顶端尖，平滑；花期 4~5 月；果期 6~10 月。

271 小叶丁香 *Syringa microphylla* Diels

落叶灌木，高约 2.5 m；小枝近圆柱形；叶片卵形、椭圆状卵形至披针形或近圆形、倒卵形，下面疏被或密被短柔毛、柔毛或近无毛；花序轴近圆柱形，花梗、花萼呈紫色，被微柔毛或短柔毛，稀密被短柔毛或近无毛；花冠紫红色，盛开时外面呈淡紫红色，内带白色，长 0.8~1.7 cm，花冠管近圆柱形，长 0.6~1.3 cm，裂片长 2~4 mm；花药紫色或紫黑色，着生于距花冠管喉部 0~3 mm 处；花期 5~6 月（栽培的每年开花两次，第一次春季，第二次 8~9 月）；果期 7~9 月。

272 水蜡树 *Ligustrum obtusifolium* Sieb. et Zucc.

落叶灌木,高 1.5~4 m;小枝开展,被短柔毛;叶纸质,椭圆形至长圆形或长圆状倒卵形,长 3~8 cm,宽 1.5~4 cm,先端急尖或钝,基部楔形至宽楔形,表面被短柔毛或无毛,背面有短柔毛,中脉在表面凹下,背面凸起,被明显的短柔毛;叶柄长 1~2 cm,被短柔毛;圆锥花序,顶生,通常下垂,长 2~3.5 cm,被短柔毛;苞片披针形,长 5~7 mm,被柔毛;花梗长约 2 mm,被短柔毛;花白色;花萼钟形,长约 1.5 mm,被短柔毛;冠筒长 6~8 mm,檐部裂片长圆形,先端钝;雄蕊 2 枚,与檐部裂片近等长。核果近球形,径约 7 mm,黑色,表面被蜡状白粉;花期 5~6 月;果期 9~10 月。

273 小蜡 *Ligustrum sinense* Lour.

落叶灌木或小乔木，一般高 2 m 左右，高可达 7 m；小枝开展，密被黄色短柔毛；叶薄革质，椭圆形至椭圆状长圆形，长 3~4.5 cm，宽 1~1.8 cm，先端急尖或钝，基部圆形或宽楔形，表面深绿色，背面仅中脉上有短柔毛，中脉在表面凹下，背面凸起，侧脉近叶缘处连结；叶柄长 3~6 mm，被短柔毛；圆锥花序疏松，顶生，长 6~10 cm，有短柔毛；花白色，花梗细；花萼钟形，被柔毛，裂片线形，长约 2 mm，与萼筒等长；花冠长约 4 mm，檐部 4 裂，裂片长圆形，略长于冠筒；雄蕊 2 枚，着生于冠筒上，外露；核果近球形，径约 4 mm，黑色；花期 7 月；果期 10 月。

274 女贞 *Ligustrum lucidum* Ait.

常绿乔木，一般高达 6 m 左右；树皮灰绿色，平滑不开裂；枝条开展，光滑无毛，小枝上有灰白色皮孔；单叶对生，叶片卵形或卵状披针形、椭圆形，革质而脆；叶尖先端渐尖或急尖，叶基部阔楔形或近圆形，全缘，羽状脉，叶柄长 1~3 m；圆锥花序顶生；花萼微小浅裂，花瓣合生 5 裂，花为白色；雄蕊 2 枚，子房上位，2 室，中轴胎座；浆果状核果近肾形，熟时深黄色；花期 5~6 月；果期 10~11 月。

275 小叶女贞 *Ligustrum quihoui* Carr.

落叶或半常绿灌木，高 2~3 m；小枝密生细柔毛；叶薄革质，椭圆形或倒卵状长圆形，长 1.5~5 cm，宽 0.8~1.5 cm，无毛，顶端钝，基部楔形，叶柄有短柔毛；圆锥花序长 7~22 cm，有细柔毛；花白色，芳香，无柄；花冠筒和裂片等长，花药略伸出花冠外；核果宽椭圆形，黑色，长 8~9 mm；花期 7~8 月；果期 10~11 月。

276 桂花 *Osmanthus fragrans* (Thunb.) Lour.

常绿乔木，高可达 15 m；因分枝性强且分枝点低，也常呈灌木状；树皮灰褐色或灰白色，有时显出皮孔；单叶对生，革质，光滑，长椭圆形或椭圆状披针形，先端尖或渐尖，基部楔形，深绿色，全缘或上半部疏生锯齿，叶缘波状；芽叠生；花簇生于叶腋，聚伞花序，具浓香，花色因品种而异，其中金桂花深黄色；银桂花黄白色；丹桂花橙色或橘红色，香味较淡；四季桂花柠檬黄或淡黄色，植株较矮而分枝多，1 年中能多次开花，但花的香味更淡；核果紫黑色；花期 9~10 月；果期次年 4 月。

277 矮探春 *Jasminum humile* L.

落叶灌木或小乔木，有时攀缘，高 0.5~3 m；小枝无毛或疏被短柔毛，棱明显；叶互生，复叶，有小叶 3~7 枚，通常 5 枚，小枝基部常具单叶；叶柄长 0.5~2 cm，具沟，无毛或被短柔毛；叶片和小叶片革质或薄革质，无毛或上面疏被短刚毛，下面脉上被短柔毛；小叶片卵形至卵状披针形，或椭圆状披针形至披针形，稀为倒卵形，先端锐尖至尾尖，基部圆形或楔形，全缘，叶缘反卷，有时多少具紧贴的刺状睫毛，侧脉 2~4 对，有时不明显；伞状、伞房状或圆锥状聚伞花序顶生，有花 1~10（~15）朵；稀有苞片，苞片线形，通常长 2~4 mm；花梗长 0.5~3 cm，无毛或被微柔毛；花多少芳香；花萼无毛或被微柔毛，裂片三角形，较萼管短；花冠黄色，近漏斗状，花冠管长 0.8~1.6 cm，裂片圆形或卵形；果椭圆形或球形，成熟时呈紫黑色；花期 4~7 月；果期 6~10 月。

278 南迎春 *Jasminum mesnyi* Hance

常绿攀缘藤本；枝条下垂，小枝无毛；叶对生，三出复叶或小枝基部具单叶，叶两面无毛，叶缘反卷，具睫毛，侧脉不明显，叶柄长 0.5 ~ 1.5 cm，无毛；小叶长卵形或披针形，先端具小尖头，基部楔形，顶生小叶长 2.5~6.5 cm，具短柄，侧生小叶长 1.5~4 cm，无柄；花单生叶腋，花叶同放；苞片叶状，长 0.5~1 cm；花梗长 3~8 mm；花萼钟状，裂片 6~8，小叶状；花冠黄色，漏斗状，径 2~5 cm，冠筒长 1~1.5 cm，裂片 6~8，宽倒卵形或长圆形；果椭圆形，两心皮基部愈合，径 6~8 mm；花期 11 月至次年 8 月；果期 3~5 月。

76. 马钱科 Loganiaceae

279 互叶醉鱼草 *Buddleja alternifolia* Maxim.

落叶灌木,高 1~2 m;小枝开展,细弱,稍圆柱状,多呈弧状弯垂,无毛;叶互生,线状披针形,长 3~7 cm,宽 0.7~1.2 cm,先端急尖或钝圆,基部楔形,表面暗绿色,背面密生灰白色绒毛,叶脉表面凹下,背面凸起,叶柄极短。聚伞圆锥花序球形或长圆形,长约 2 cm,多生于去年生的枝条上,基部具少数小叶;花具梗,密被灰白色柔毛;花萼长 2.5 mm,具 4 棱,4 裂,裂片齿状,宽三角形,密被灰白色绒毛;花冠紫色或淡蓝色,冠筒长 6~7 mm,宽约 1 mm,先端有淡黄色星状毛;雄蕊 4 枚,着生于冠筒的中上部,无花丝,花药狭长圆形;子房无毛,柱头棒状;蒴果长圆形,长约 4 mm,光滑;种子多数,有短翅;花期 5~6 月;果期 8~9 月。

280 醉鱼草 *Buddleja lindleyana* Fortune

落叶灌木，高 1~2 m；小枝具 4 棱而稍有翅；嫩枝被棕黄色星状毛；叶对生，卵形至卵状披针形，长 5~10 cm，宽 1.5~4 cm，先端渐尖，基部楔形，全缘或疏生波状牙齿，叶背面被棕黄色星状毛，叶脉表面凹下，背面凸起；叶柄长 3~6 mm；花序穗状，顶生，直立，长 5~17 cm，被棕黄色星状毛；花萼密被细鳞片，长 2 mm，裂片三角形；花冠紫色，密被细鳞片，稍弯曲，长 1~1.5 cm，直径约 2 mm，筒内面白紫色，具细柔毛；雄蕊 4 枚，着生于冠筒下部；蒴果长圆形，长约 5 mm，被鳞片；种子多数，梭形，褐色，无翅；花期 6~8 月；果期 8 月至次年 4 月。

281 大叶醉鱼草 *Buddleja davidii* Franch.

落叶灌木，高 1~3 m；嫩枝密被白色星状绵毛，小枝略呈四棱形，开展；叶对生，卵状披针形至披针形，长 5~15(~20) cm，宽 1~3(~5) cm，先端渐尖，基部宽楔形，缘疏生细锯齿，表面无毛或被稀疏的白色星状绵毛，背面密被灰白色星状绵毛，叶脉在表面凹下，背面凸起；叶柄长 3~5 cm；花具梗，淡紫色，芳香，长约 1 cm，由多数小聚伞花序集成穗状圆锥花枝；花萼钟状，长约 2 mm，4 裂，裂片卵形，先端钝，密被星状绒毛；冠筒细而直，长约 7~10 mm，外面疏生星状绒毛及鳞毛，喉部橙黄色；雄蕊 4 枚，着生于冠筒中部，花药长圆形；子房无毛；蒴果线状长圆形，长 6~8 mm，无毛或稍有鳞毛；种子多数，线形，两端具长尖翅；花期 7 月；果期 9~10 月。

77. 夹竹桃科 Apocynaceae

282 夹竹桃 *Nerium indicum* Mill.

常绿灌木，高可达 6 m，多分枝；树皮灰色，光滑，嫩枝绿色；三叶轮生，叶革质，窄披针形，先端锐尖，基部楔形；边缘略内卷，中脉明显，侧脉纤细平行，与中脉成直角；聚伞花序顶生，红色或白色，有重瓣和单瓣之分；蓇葖果矩圆形，种子顶端具黄褐色种毛；花期 6~10 月。

78.萝藦科 Asclepiadaceae

283 杠柳 *Periploca sepium* Bunge

落叶蔓性灌木，具乳汁，除花外全株无毛；叶对生，膜质，卵状矩圆形，长 5~9 cm，宽 1.5~2.5 cm，顶端渐尖，基部楔形；侧脉多数；聚伞花序腋生，花冠紫红色，花张开直径 1.5~2 cm，花冠裂片 5 枚，中间加厚，反折，内面被疏柔毛；副花冠环状，顶端 5 裂，裂片丝状伸长，被柔毛；花粉颗粒状，藏在直立匙形的载粉器内；蓇葖果双生，圆柱状，长 7~12 cm，直径约 5 mm；种子长圆形，顶端具白绢质长 3 cm 的种毛；花期 5~6 月；果期 7~9 月。

284 牛皮消 *Cynanchum auriculatum* Royle ex Wight

落叶藤状半灌木，长达 3 m；宿根肉质肥厚，呈块状，外皮黑褐色；茎圆形，被微柔毛；叶对生，膜质，被微毛，宽卵形至卵状长圆形，长 4~12 cm，宽 4~10 cm，先端短渐尖，基部心形，两侧耳状，下延或内弯，全缘，表面绿色，背面淡绿色，具柄；聚伞花序伞房状，腋生，着花 30 朵；花萼裂片卵状长圆形，外面被微毛；花冠白色，檐部裂片辐状，裂片卵状长圆形，反折，内面具疏柔毛；副花冠浅杯状，裂片椭圆形，肉质，钝头，在每裂片内面的中部有 1 个三角形的舌状鳞片；雄蕊 5 枚；雌蕊 1，子房上位，由 2 枚离生心皮组成，柱头圆锥状，先端 2 裂；蓇葖果双生，披针形；种子卵状椭圆形，种毛白色绢质，长 3 cm；花期 6~9 月；果期 7~11 月。

79. 紫草科 Boraginaceae

285 粗糠树 *Ehretia macrophylla* Wall.

落叶乔木，高 3~12 m；树皮灰色，小枝褐色，具皮孔；叶片椭圆形或卵形至倒卵状椭圆形，长 9~18(~20) cm，宽 5~10 cm，先端急尖，基部钝或圆，极稀浅心形，边缘具锯齿，齿呈三角形，伸展，叶面绿色，被糙伏毛，背面色淡，无毛或近无毛，第一次侧脉 7~8 对，和中脉在背面隆起，第二、三次脉均明显且网结；叶柄长 1.5~2.5 cm，上面具凹槽，被糙毛；伞房状圆锥花序顶生，长 4~7 cm，宽 5~8 cm，被毛；花多，密集，具芳香；花梗长 1~2 mm，密被短毛；花萼绿色，长 3~4 mm，5 深裂，裂片卵形或长圆形，两面被短毛；花冠白色或略带黄，长 9~12 mm，檐部 5 裂，裂片卵形，长 3.5~4 mm，伸展或外弯；花丝白色，长 4~4.5 cm，贴生于管基部以上 4.5~5 mm 处，花药黄色，长圆形，长约 1.5 mm；子房卵球形，小，花柱淡绿色，长 7~9 mm，常被毛，先端 2 裂，柱头小，绿色；核果绿色转黄色，近球形，直径约 1.5 cm，外面平滑，成熟时分裂成各具 2 种子的 2 个核；花期 3~5 月；果期 6~7 月。

286 厚壳树 *Ehretia acuminata* R. Br.var. *obovata* Johnst.

落叶乔木，高达 15 m，具条裂的黑灰色树皮；枝淡褐色，平滑，小枝褐色，无毛，有明显的皮孔；叶椭圆形、倒卵形或长圆状倒卵形，长 5~13 cm，宽 4~6 cm，先端尖，基部宽楔形，稀圆形，边缘有整齐的锯齿，齿端向上而内弯，无毛或被稀疏柔毛，叶柄长 1.5~2.5 cm，无毛；聚伞花序圆锥状，长 8~15 cm，宽 5~8 cm，被短毛或近无毛；花多数，密集，小形，芳香；花冠钟状，白色，长 3~4 mm，裂片长圆形，开展，长 2~ 2.5 mm，较筒部长；雄蕊伸出花冠外；核果黄色或橘黄色，直径 3~4 mm；核具皱折，成熟时分裂为 2 个具 2 粒种子的分核；花期 4~5 月；果期 7 月。

80. 马鞭草科 Verbenaceae

287 荆条 *Vitex negundo* Linn. var. *heterophylla* (Franch.) Rehd.

落叶灌木或小乔木，高 1~2.5 m；幼枝四棱形，老枝圆筒形，灰褐色，密被有微柔毛；掌状复叶，具小叶 5，有时 3，披针形或椭圆形披针形，长 3~7 cm，宽 0.7~2.5 cm，先端渐尖，基部楔形，边缘缺刻状锯齿，浅裂至羽状深裂，上面绿色，下面淡绿色或灰白色，无毛或有毛；圆锥花序顶生，长 10~20 cm，花小，蓝紫色，花冠二唇形；雄蕊 4，伸出花冠；核果，直径 3~4 mm，包于宿存花萼内；种子圆形，径约 2 mm，具网纹，黑色；花期 4~5 月；果期 6~10 月。

288 海州常山(臭梧桐) *Clerodendrum trichotomum* Thunb.

落叶灌木或小乔木,高达 8 m;幼枝、叶柄、花序轴少有黄褐色柔毛,老枝灰白色,有皮孔,髓部白色,有淡黄色薄片横隔;单叶对生,叶柄长 2~8 cm,叶片纸质,宽卵形、卵形、卵状椭圆形或三角状卵形,长 5~17 cm,宽 5~14 cm,先端尖或渐尖,基部宽楔形至楔形,偶有心形,全缘或具波状齿,两面疏生短毛或近无毛,侧脉 3~5 对;伞房状聚伞花序顶生或腋生,疏散,通常二歧分枝,花序长 8~18 cm,花序梗长 3~6 cm,具椭圆形叶状苞片,早落;花萼幼时绿白色,后紫红色,基部合生,中部略膨大,具 5 棱,先端 5 深裂,裂片三角状披针形或卵形;花冠白色或带粉红色,筒细长,顶端 5 裂,裂片长椭圆形;雄蕊 4,花丝和花药同伸出花冠外;核果球状,蓝紫色,径 6~8 mm,包于增大的宿萼内,整个花序可同时出现红色花尊;花期 6~9 月;果期 9~11 月。

81. 唇形科 Labiatae

289 莸 *Caryopteris divaricata* (S. et Z.) Maxim.

落叶灌木，高约 80 cm；茎方形，疏被柔毛或无毛；叶片膜质，卵圆形，卵状披针形至长圆形，长 2~14 cm，宽 1.2~5 cm，顶端渐尖至尾尖，基部近圆形或楔形，下延成翼，边缘具粗齿，两面疏生柔毛或背面的毛较密，侧脉 3~5 对；叶柄长 0.5~2 cm；二歧聚伞花序腋生，花序梗长 2~3(~11) cm，疏被柔毛，苞片披针形至线形；花萼杯状，外面被柔毛，长 2~4 mm，结果时增大近一倍，顶端 5 浅裂，裂齿三角形，长约 0.6~1 mm；花冠紫色或红色，长 1~2 cm，外面被疏毛，喉部疏生柔毛，顶端 5 裂，裂片全缘，下唇中裂片较大，花冠管长约 1~1.5 cm；雄蕊 4 枚，与花柱均伸出花冠管外；子房无毛，有或无腺点；蒴果黑棕色，4 瓣裂，无毛，无翅，有网纹；花期 7~8 月；果期 8~9 月。

290 华紫珠 *Callicarpa cathayana* H. T. Chang

落叶灌木，高 1.5~3 m；小枝纤细，幼嫩稍有星状毛，老后脱落；叶片椭圆形或卵形，长 4~8 cm，宽 1.5~3 cm，顶端渐尖，基部楔形，两面近于无毛，而有显著的红色腺点，侧脉 5~7 对，在两面均稍隆起，细脉和网脉下陷，边缘密生细锯齿；叶柄长 4~8 mm；聚伞花序细弱，宽约 1.5 cm，3~4 次分歧，略有星状毛，花序梗长 4~7 mm，苞片细小；花萼杯状，具星状毛和红色腺点，萼齿不明显或钝三角形；花冠紫色，疏生星状毛，有红色腺点，花丝等于或稍长于花冠，花药长圆形，长约 1.2 mm，药室孔裂；子房无毛，花柱略长于雄蕊；果实球形，紫色，径约 2 mm；花期 5~7 月；果期 8~11 月。

291 鸡骨柴 *Elsholtzia fruticosa*（D. Don）Rehd.

落叶灌木，多分枝；茎、枝钝四棱形，具浅槽，黄褐色或紫褐色，老时皮层剥落；叶披针形或椭圆状披针形，上面蓝绿色，被糙伏毛，下面淡绿色，被弯曲的短柔毛，叶柄极短或近于无；穗状花序圆柱状，顶生或腋生，由具短梗多花的轮伞花序所组成，位于穗状花序下部 2~3 个轮伞花序稍疏离而多少间断，上部者均聚集而连续；苞叶位于穗状花序下部者多少叶状，超过轮伞花序；花冠白色至淡黄色，外面被蜷曲柔毛；雄蕊 4，前对较长，伸出，花丝丝状，无毛；花柱超出或短于雄蕊，但均伸出花冠，先端近相等 2 深裂，裂片线形，外卷；小坚果长圆形，腹面具棱，顶端钝，褐色，无毛；花期 7~9 月；果期 10~11 月。

82. 茄科 Solanaceae

292 枸杞 *Lycium chinense* Mill.

落叶灌木，高达 2 m；多分枝，枝细长，拱形，有条棱，常有刺；单叶互生或簇生，卵状披针形或卵状椭圆形，全缘，先端尖锐或带钝形，表面淡绿色；花紫色，漏斗状，花冠 5 裂，裂片长于筒部，有缘毛，花萼 3~5 裂，花单生或簇生叶腋；浆果卵形或长圆形，深红色或橘红色；花期 5~9 月；果期 8~11 月。

83. 玄参科 Scrophulariaceae

293 毛泡桐 *Paulownia tomentosa* (Thunb.) Steud.

落叶乔木，高达 20 m；树皮褐灰色，有白色斑点；叶柄常有黏性腺毛，叶全缘或具 3~5 浅裂；聚伞圆锥花序的侧枝不发达，小聚伞花序具有 3~5 朵花，花萼浅钟状，密被星状绒毛，5 裂至中部，花冠漏斗状钟形，外面淡紫色，有毛，内面白色，有紫色条纹；蒴果卵圆形，先端锐尖，长约 2.3 cm，外果皮革质；花期 5~6 月；果期 8~9 月。

84. 紫葳科 Bignoniaceae

294 梓树(河楸,花楸,水桐,楸豇豆树,大叶梧桐,黄花楸,木角豆 木王) *Catalpa ovata* G. Don

落叶乔木,高 15~20 m;树冠倒卵形或椭圆形,树皮褐色或黄灰色,纵裂或有薄片剥落,嫩枝和叶柄被毛并有黏质;叶对生或轮生,广卵形或圆形,叶长宽几相等,叶上端常有 3~5 小裂,叶背基部脉腋具 3~6 个紫色腺斑;圆锥花序,花冠淡黄色或黄白色,内有紫色斑点和 2 黄色条纹;蒴果细长如豇豆,经久不落;种子扁平,两端生有丝状长毛;花期 5~6 月;果期 8~9 月。

295 楸树 *Catalpa bungei* C. A. Mey.

落叶乔木，高达 30 m，胸径 60 cm；树冠狭长倒卵形；树干通直，主枝开阔伸展；树皮灰褐色、浅纵裂，小枝灰绿色、无毛；叶三角状卵形，长 6~16 cm，先端渐长尖；总状花序伞房状排列，顶生；花冠浅粉紫色，内有紫红色斑点；种子扁平，具长毛；花期 4~5 月；果期 6~10 月。

85. 茜草科 Rubiaceae

296 香果树 *Emmenopterys henryi* Oliv.

落叶乔木；叶对生，有柄，叶片宽椭圆形或宽卵状椭圆形，全缘；托叶三角状卵形，早落；圆锥状聚伞花序顶生，花大，淡黄色，有柄；花萼小，5 裂，裂片三角状卵形，脱落，在一花序中，有些花的萼裂片的 1 片扩大成叶状，白色而显著，结实后仍宿存；花冠漏斗状，有绒毛，顶端 5 裂，裂片覆瓦状排列；雄蕊 5，与花冠裂片互生；子房 2 室，花柱线形，柱头全缘或 2 裂，胚珠多数；蒴果长椭圆形，两端稍尖，成熟后裂成 2 瓣；种子极多，细小，周围有不规则的膜质网状翅；花期 6~8 月；果期 8 月。

297 栀子 *Gardenia jasminoides*（L.）Ellis.

常绿灌木，高达 2 m；叶对生或 3 叶轮生，叶片革质，长椭圆形或倒卵状披针形，长 5~14 cm，宽 2~7 cm，全缘；托叶 2 片，通常连合成筒状包围小枝；花单生于枝端或叶腋，白色，芳香；花萼绿色，圆筒状；花冠高脚碟状，裂片 5 或较多；子房下位；花期 5~7 月；果期 8~11 月。

298 薄皮木 *Leptodermis oblonga* Bunge

落叶灌木，高 0.2~1 m；小枝纤细，灰色至淡褐色，表皮薄，常片状剥落；叶纸质，披针形或长圆形，有时椭圆形或近卵形，叶柄短，通常不超过 3 mm；花无梗，常 3~7 朵簇生枝顶，很少在小枝上部腋生；小苞片透明，卵形，长约 3 mm，外面被柔毛，约 2/3 至 1/2 合生，裂片近三角形，顶端有硬尖头，与萼近等长；萼裂片阔卵形，长约 1.3~1.5 mm，顶端钝，边缘密生缘毛；花冠淡紫红色，漏斗状，外面被微柔毛，冠管狭长，下部常弯曲，裂片狭三角形或披针形，长约 2~4 mm，顶端内弯；短柱花雄蕊微伸出，长柱花内藏，花药线状长圆形；花柱具 4~5 个线形柱头裂片，长柱花微伸出，短柱花内藏；蒴果长 5~6 mm，种子有网状、与种皮分离的假种皮；花期 6~8 月；果期 10 月。

86. 忍冬科 Caprifoliaceae

299 接骨木 *Sambucus williamsii* Hance

落叶灌木或小乔木，高达 4~8 m；枝有皮孔，光滑无毛，髓心淡黄棕色；奇数羽状复叶，椭圆状披针形，长 5~12 cm，端尖至渐尖，基部阔楔形，常不对称，缘具锯齿，两面光滑无毛，揉碎后有臭味；圆锥状聚伞花序顶生，花冠辐状，白色至淡黄色；浆果状核果球形，黑紫色或红色；花期 4~5 月；果期 6~7 月。

300 荚蒾 *Viburnum dilatatum* Thunb.

落叶灌木，高 1.5~3 m；小枝幼时有毛；叶纸质，宽倒卵形、倒卵形，或宽卵形，单叶对生，长 3~10（~13）cm；复伞形式聚伞花序稠密，生于具 1 对叶的短枝之顶，萼和花冠外面均有簇状糙毛；萼筒狭筒状，有暗红色微细腺点，萼齿卵形；花冠白色，辐状，直径约 5 mm，裂片圆卵形；雄蕊明显高出花冠，花药小，乳白色，宽椭圆形；花柱高出萼齿；果实红色，椭圆状卵圆形，长 7~8 mm；核扁，卵形，长 6~8 mm，直径 5~6 mm，有 3 条浅腹沟和 2 条浅背沟；花期 5~6 月；果熟期 9~11 月。

301 猬实 *Kolkwitzia amabilis* Graebn.

落叶灌木，高达 3 m；幼枝红褐色，被短柔毛及糙毛，老枝光滑，茎皮剥落；叶椭圆形至卵状椭圆形，基部圆或阔楔形，全缘，少有浅齿状，上面深绿色，两面散生短毛；伞房状聚伞花序具长 1~1.5 cm 的总花梗，花梗几不存在；苞片披针形，紧贴子房基部；萼筒外面密生长刚毛，上部缢缩似颈，裂片钻状披针形有短柔毛；花冠淡红色，基部甚狭，中部以上突然扩大，外有短柔毛；果实密被黄色刺刚毛，顶端伸长如角，冠以宿存的萼齿；花期 5~6 月；果熟期 8~9 月。

302 南方六道木 *Abelia dielsii* (Graebn.) Rehd.

落叶灌木，高 3 m；当年小枝红褐色，老枝灰白色；叶对生，叶柄长 4~7 mm，基部膨大，散生硬毛，叶厚纸质，叶片长卵形长圆形、倒卵形、椭圆形至披针形，变化幅度很大，长 3~8 cm，宽 0.5~3 cm，先端尖或长渐尖，基部楔形或钝，全缘或有 1~6 对齿牙，具缘毛，嫩时上面散生柔毛，下面除叶脉基部被毛外，其余光滑无毛；花 2 朵生于侧枝顶部叶腋；总花梗长 1.2 cm，花梗几无；苞片 3 枚，具纤毛，中央 1 枚长 6 mm，侧生 2 枚长 1 mm；萼筒长约 8 mm，萼檐 4 裂，裂片卵状披针形或倒卵形；花冠白色后变浅黄色，4 裂，裂片圆，长约为筒的 1/3 至 1/5，筒内具短柔毛；雄蕊 4 枚，内藏；花柱细长，柱头头状，不伸出花冠筒外，长 1~1.5 cm；种子柱状；花期 4~6 月；果期 8~9 月。

303 忍冬 *Lonicera japonica* Thunb.

半常绿藤本；幼枝密被黄褐色、开展的硬直糙毛、腺毛和短柔毛；叶纸质，卵形至矩圆状卵形，小枝上部叶通常两面均密被短糙毛，下部叶常平滑无毛而下面多少带青灰色；叶柄长 4~8 mm，密被短柔毛；总花梗通常单生于小枝上部叶腋，与叶柄等长或稍较短，下方者则长达 2~4 cm，密被短柔毛，并夹杂腺毛；苞片大，叶状，卵形至椭圆形，长达 2~3 cm，两面均有短柔毛；小苞片顶端圆形或截形，有短糙毛和腺毛；花冠白色，有时基部向阳面呈微红，后变黄色，唇形，花筒稍长于唇瓣，很少近等长，外被多少倒生的开展或半开展糙毛和长腺毛，上唇裂片顶端钝形，下唇带状而反曲；雄蕊和花柱均高出花冠；果实圆形，直径 6~7 mm，熟时蓝黑色，有光泽；花期 4~6 月(秋季亦常开花)；果期 10~11 月。

304 金银木(金银忍冬) *Lonicera maackii* (Rupr.) Maxim.

落叶灌木,高达 6 m,茎干直径达 10 cm;凡幼枝、叶两面脉上、叶柄、苞片、小苞片及萼檐外面都被短柔毛和微腺毛;冬芽小,卵圆形,有 5~6 对或更多鳞片;叶纸质,形状变化较大,通常卵状椭圆形至卵状披针形,稀矩圆状披针形或倒卵状矩圆形,更少菱状矩圆形或圆卵形,长 5~8 cm,顶端渐尖或长渐尖,基部宽楔形至圆形;叶柄长 2~5(~8)mm;花芳香,生于幼枝叶腋,总花梗长 1~2 mm,短于叶柄;苞片条形,有时条状倒披针形而呈叶状,长 3~6 mm;小苞片多少连合成对,长为萼筒的 1/2 至几相等,顶端截形;相邻两萼筒分离,长约 2 mm,无毛或疏生微腺毛,萼檐钟状,为萼筒长的 2/3 至相等,干膜质,萼齿宽三角形或披针形,不相等,顶尖,裂隙约达萼檐之半;花冠先白色后变黄色,长(1~)2 cm,外被短伏毛或无毛,唇形,筒长约为唇瓣的 1/2,内被柔毛;雄蕊与花柱长约达花冠的 2/3,花丝中部以下和花柱均有向上的柔毛;果实暗红色,圆形,直径 5~6 mm;种子具蜂窝状微小浅凹点;花期 5~6 月;果期 8~10 月。

305 双盾木 *Dipelta floribunda* Maxim.

落叶灌木或小乔木，高达 6 m；叶对生，卵形至卵状椭圆形，长 5~10 cm，顶端渐尖至长渐尖，基部圆形至楔形，全缘；4~5 用开花，单花的聚伞花序生于短枝叶腋，似呈伞房状，花白色至粉红色；花梗细长有柔毛，顶端有 2 苞片和 2 小苞片；萼筒具 5 枚钻状条形的裂片；花冠下部筒状，上部钟状，长 2.5~3 cm，裂片 5；果具宿存苞片和小苞片，小苞片近圆形，直径达 2 cm，以其中部贴生于果实，似双盾；花期 4~7 月；果期 8~9 月。

306 葱皮忍冬 *Lonicera ferdinandii* Franch.

落叶灌木，高达 3 m；幼枝有密或疏、开展或反曲的刚毛，常兼生微毛和红褐色腺，很少近无毛，老枝有乳头状突起而粗糙，壮枝的叶柄间有盘状托叶；冬芽叉开，长 4~5 mm，有 1 对船形外鳞片，鳞片内面密生白色棉絮状柔毛；叶纸质或厚纸质，卵形至卵状披针形或矩圆状披针形，长 3~10 cm，顶端尖或短渐尖，基部圆形、截形至浅心形，边缘有时波状，很少有不规则钝缺刻，有睫毛，上面疏生刚伏毛或近无毛，下面脉上连同叶柄和总花梗都有刚伏毛和红褐色腺，很少毛密如绒状，叶柄和总花梗均极短；苞片大，叶状，披针形至卵形，长达 1.5 cm，毛被与叶同；小苞片合生成坛状壳斗，完全包被相邻两萼筒，直径约 2.5 mm；萼齿三角形，顶端稍尖，被睫毛；花冠白色，后变淡黄色；果实红色，卵圆形，长达 1 cm，外包以撕裂的壳斗，各内含 2~7 颗种子；种子椭圆形；花期 4~6 月；果期 9~10 月。

87. 菊科 Compositae

307 白沙蒿 *Artemisia sphaerocephala* Krasch.

落叶半灌木，主根明显，入土 3 m 以上，侧根发达，密布在 10~70 cm 沙层中；茎直立，基部粗壮，高 50~120 cm，分枝 10~30 个簇生，1~2 龄时皮灰白色，成年后外皮呈灰褐色；叶灰绿色，幼嫩时具短柔毛，下部叶较大，二回羽状全裂，裂片线形，长 1.5~3 cm，宽约 1 mm，上部叶较短小，三裂或不裂；头状花序多数，直径 2~3 mm，呈复总状花序排列，有短梗及条形苞叶；总苞卵形，长 3 mm，总苞片 3~4 层，宽卵形，边缘宽膜质，花 10 余个，外层雌性，能育，内层两性，不育；瘦果微细，无毛，咖啡色，外表附着一层白色胶联结构的多糖物质，占种子重量的 20%，遇水极易溶胀，与沙粒连成团，形成自然大粒化种子，便于吸水贮水，易于发芽出苗，条件适宜时，3 天即可发芽出苗，种子千粒重 0.8~1.0 g；花果期 7~10 月。

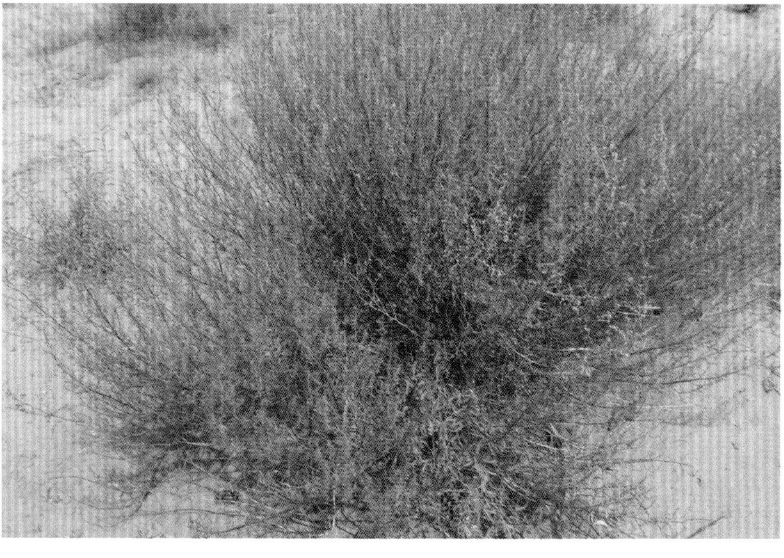

88. 禾本科 Gramineae

308 毛竹 *Phyllostachys pubescens* Mazel et H. de Leh

常绿乔木状竹类植物，竿高可达 20 m 以上，粗者可达 20 cm 以上，幼竿密被细柔毛及厚白粉，箨环有毛，老竿无毛，并由绿色渐变为绿黄色；基部节间甚短而向上则逐节较长；竿环不明显，低于箨环或在细竿中隆起；箨鞘背面黄褐色或紫褐色，具黑褐色斑点及密生棕色刺毛；箨耳微小，繸毛发达；箨舌宽短，强隆起乃至为尖拱形，边缘具粗长纤毛；箨片较短，长三角形至披针形，有波状弯曲，绿色，初时直立，以后外翻；笋期 4 月；花期 5~8 月。

309 箬竹 *Indocalamus tessellatus* (Munro) Keng f.

常绿灌木状或小灌木状竹类植物;竿高 0.75~2 m,直径 4~7.5 mm,节下方有红棕色贴竿的毛环;箨鞘长于节间,上部宽松抱竿,无毛,下部紧密抱竿,密被紫褐色伏贴疣基刺毛,具纵肋;箨耳无,箨舌厚膜质,截形,高 1~2 mm,背部有棕色伏贴微毛;小枝具 2~4 叶;叶鞘紧密抱竿,有纵肋,背面无毛或被微毛,无叶耳;叶舌高 1~4 mm,截形;笋期 4~5 月;花期 6~7 月;。

89. 棕榈科 Palmae

310 棕榈 *Trachycarpus fortunei* H.Wendl.

常绿乔木；树干圆柱形，常残存有老叶柄及其下部的叶峭，叶簇生于树干顶端向外展开，形如扇，掌状裂深达中下部；雌雄异株；圆锥状肉穗花序腋生，花小而黄色；核果肾状球形，蓝褐色，被白粉；花期4~5月；果期10~11月。

90. 百合科 Liliaceae

311 鞘柄菝葜 Smilax stans Maxim.

落叶灌木或半灌木，直立或披散，高 0.3~3 m；茎和枝条稍具棱，无刺；叶纸质，卵形、卵状披针形或近圆形，长 1.5~4(~6) cm，宽 1.2~3.5(~5) cm，下面稍苍白色或有时有粉尘状物；叶柄长 5~12 mm，向基部渐宽成鞘状，背面有多条纵槽，无卷须，脱落点位于近顶端；花序具 1~3 朵或更多的花；总花梗纤细，比叶柄长 3~5 倍，花序托不膨大，花绿黄色，有时淡红色；雄花外花被片长 2.5~3 mm，宽约 1 mm，内花被片稍狭；雌花比雄花略小，具 6 枚退化雄蕊，退化雄蕊有时具不育花药；浆果直径 6~10 mm，熟时黑色，具粉霜；花期 5~6 月；果期 10 月。

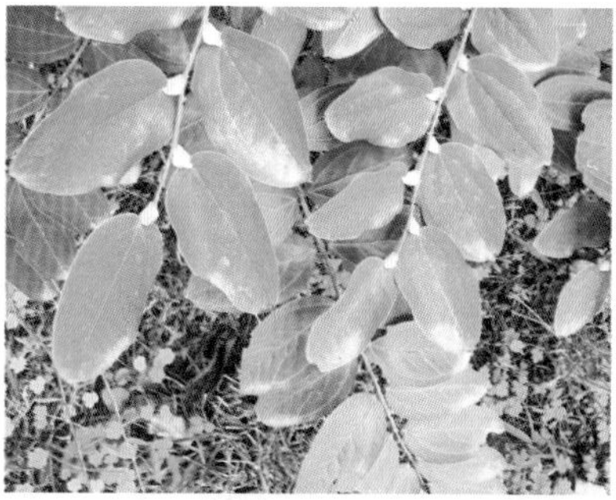

312 凤尾丝兰 *Yucca gloriosa* L.

常绿灌木，茎通常不分枝或分枝很少；叶片剑形，长 40~70 cm，宽 3~7 cm，顶端尖硬，螺旋状密生于茎上，叶质较硬，有白粉，边缘光滑或老时有少数白丝（别于丝兰）；圆锥花序高 1 m 多，花朵杯状，下垂，花瓣 6 片，乳白色，合成心皮雌蕊，是上位子房下位花；蒴果椭圆状卵形，长 5~6 cm，不开裂；花期 6~10 月。

参考文献

[1]在线植物志.http://frps.eflora.cn/

[2]在线秦岭植.http://www.nature-museum.net/BioBook/QLBook/1/home.html

[3]中国植物志编辑委员会.中国植物志:第 1-80 卷[M].北京:科学出版社,2004.

[4]郑万均.中国树木志:第 1-4 卷[M].北京,中国林业出版社,2004.

[5]牛春山.陕西树木志[M].北京:中国林业出版社,1990

[6]陈有民.园林树木学:第 2 版[M].北京:中国林业出版社,2011.

[7]张天麟.园林树木 1600 种[M]. 北京:中国建筑工业出版社,2010.

[8]吉文丽,吉鑫淼.园林树木学[M].杨凌:西北农林科技大学出版社,2017.

图书在版编目(CIP)数据

陕西省主要树木识别手册 / 赵斐, 吉文丽主编. -- 杨凌 : 西北农林科技大学出版社, 2017.12

ISBN 978-7-5683-0421-4

Ⅰ. ①陕… Ⅱ. ①赵… ②吉… Ⅲ. ①树木 - 识别 - 陕西 - 手册 Ⅳ. ①S79-62

中国版本图书馆 CIP 数据核字(2017)第 312734 号

陕西省主要树木识别手册

赵斐　吉文丽　主编

出版发行	西北农林科技大学出版社
地　　址	陕西杨凌杨武路 3 号　　**邮　编**　712100
电　　话	总编室:029-87093105　　发行部:87093302
电子邮箱	press0809@163.com
印　　刷	陕西天地印刷有限公司
版　　次	2017 年 12 月第 1 版
印　　次	2017 年 12 月第 1 次
开　　本	889mm × 1194mm　1/32
印　　张	10.25
字　　数	290 千字

ISBN 978-7-5683-0421-4

定价:48.00 元

本书如有印装质量问题,请与本社联系